世界の仔猫ベスト27

Abyssinian & Somali
アビシニアン&ソマリ

アビシニアンは p46

あ〜居心地のいい場所だニャ〜
こういうせまいところに入ると
たまらなく幸せな気分だニャン！

アビニシアン（レッド）

American Shorthair
アメリカンショートヘアー

じーっと見つめるのは
かまってほしいサインだよ
早くいっしょに遊びたい！

アメリカン
ショートヘアは
p56

ブラウンクラシックタビー

ブルークラシックタビー

ブラウンクラシックタビー

ブラウンクラシックタビー

世界の仔猫
ベスト27

わぁーアレは何だろう？
人にとってはささいなことでも
仔猫たちの好奇心はキラキラ！

ブラウンクラシックタビー

カメオクラシックタビー

ブラウンパッチドマッカレルタビー＆ホワイト

レッドマッカレルタビー

American Curl
アメリカンカール

アメリカン
カールは
p66

ニャオ〜ン！
そろそろお腹が空いてきたけど
ご飯の時間はまだ先かなぁ？

ブラック

ブラウンパッチドマッカレルタビー＆ホワイト

トータシェル＆ホワイト

ブラウンパッチドマッカレルタビー
＆ホワイト

ボクら仲良しカルテット
みんなでこうやって集まって
くっついてるのが好きなんだ

クリームマッカレルタビー

レッドマッカレルタビー

レッドリンクスポイント　　クリームマッカレルタビー

Birman
バーマン

バーマンは **p74**

耳や鼻のポイントが
かわいいってほめられるんだ
もちろん自分でもお気に入り！

チョコレートポイント

チョコレートポイント

チョコレートポイント　　チョコレートポイント

世界の仔猫
ベスト27

ブルー

ブリティッシュ
ショートヘアーは
p82

British Shorthair
ブリティッシュ
ショートヘアー

ゴロゴロ〜ゴロゴロ〜
こうやって遊んでるときが
やっぱり一番幸せだニャー

ブルー

ブルー

Chartreux
シャルトリュー

小さな頭をキュッと上に向けて
まっすぐに見つめるその瞳には
いったい何が映っているのかな？

シャルトリューはp90

ブルーグレー

ブルーグレー

ん？　なんだなんだ？
あっちは何やら楽しそうだニャ
ちょっと行ってみようかニャ！

ブルーグレー

ブルーグレー

ブラック&ホワイト（バン）

レッド&ホワイト（バン）

JapaneseBobtail
ジャパニーズボブテイル

ジャパニーズ
ボブテイルは
p110

ムニャムニャ……
物音で目が覚めちゃったけど
もう少しだけ眠っててもいい？

レッドポイント

ミケ（キャリコ）

世界の仔猫
ベスト27

ブラック＆ホワイト（バン）

大好きなママといっしょ！
どんな品種の仔猫でも
一番うれしい時間のひとつ

レッド＆ホワイト（バン）

ブルー

Korat
コラット

コラットはp118

おや？　今の音は……？
尻尾をヒュンッと鋭く立てて
周囲のようすをうかがいます

ブルー

ブルー

世界の仔猫
ベスト27

Cornish Rex
コーニッシュ レックス

コーニッシュ
レックスは
p94

チリチリにカールした毛が
とってもユニークでしょ？
手ざわりもすごくやわらかいんだ

レッドマッカレルタビー＆ホワイト

バンキャリコ

ブルー＆ホワイト

Maine Coon
メインクーン

今はまだまだ小さいけれど
これからどんどん成長すると
びっくりするほど大きくなるよ！

メインクーンは **p126**

ブラックシルバークラシックタビー＆ホワイト

シルバーパッチドタビー＆ホワイト

レッドタビー

世界の仔猫
ベスト27

レッドタビー

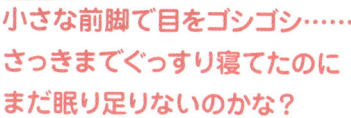

小さな前脚で目をゴシゴシ……
さっきまでぐっすり寝てたのに
まだ眠り足りないのかな？

ブラックシルバークラシックタビー＆ホワイト

シルバータビー
＆
ホワイト

Norwegian Forest cat
ノルウェージャン フォレストキャット

ノルウェージャン フォレスト キャットは p134

北欧の森がふるさとだから
仔猫のときからこんなにフサフサ
体も丈夫でたくましくなるんだ〜

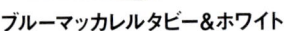
ブルーマッカレルタビー&ホワイト

ブルーマッカレルタビー&ホワイト

ブルーマッカレルタビー&ホワイト

ブルーマッカレルタビー&ホワイト

世界の仔猫ベスト27

チョコレートスポッテッドタビー

Ocicat
オシキャット

オシキャットは **p138**

二本肢で立っちゃった！
ほら、自慢の斑点模様が
お腹のほうまであるんだよ

チョコレートスポッテッドタビー

チョコレート
スポッテッドタビー

シナモン
スポッテッド
タビー

チョコレートシルバー
スポッテッドタビー

シナモン
スポッテッド
タビー

チョコレートスポッテッドタビー

Persian
ペルシャ

ペルシャは **p142**

中に入れる物なら何でも入ってみたくなるお年頃 兄弟そろってバスタイム気分？

ブラック＆ホワイト

ブルータビー

ブルー＆ホワイト

世界の仔猫
ベスト27

やあやあ！　どうもどうも！
猫界のプリンスとはボクのこと
さあほらみんな道を開けて〜

ブルー＆ホワイト

チンチラシルバー

チンチラゴールデン

Exotic
エキゾチック

エキゾチックは **p152**

ぬいぐるみみたいですって？
絶対わたしたちのほうが
ぬいぐるみよりかわいいわよ！

ブラウンタビー＆ホワイト

レッドタビー＆ホワイト

世界の仔猫ベスト27

ブルーポイント

ヒマラヤンは p148

Himalayan
ヒマラヤン

パーツはシャムで体はペルシャ
ブリーダーさんたちのおかげで
ボクら"夢の猫"が生まれたんだ

シールポイント　　　シールポイント

RagaMuffin & Ragdoll
ラガマフィン＆ラグドール

アメリカ生まれの兄弟品種
名前が似てるだけじゃなくて
見た目や性格もよく似た仲間

ラグドールは **p160**

ラグドール（ブルーポイント）

ラガマフィンは **p156**

ラガマフィン
（ナチュラルミンクタビー＆ホワイト）

ラグドール（ブルーポイント）

世界の仔猫
ベスト27

モコモコした体はあったかくて
みんなに愛されているんだ〜
早く抱っこしてほしいニャン

ラグドール（ブルーポイント）

ラガマフィン
（ナチュラルブルーミンクタビー＆ホワイト）

ブルー　　　　　　　　　ブルー

ブルー　　　　　　ブルー

ロシアン
ブルーは
p164

Russian Blue
ロシアンブルー

トレードマークの青い毛は
仔猫のときからこんなにきれい
モテモテすぎて困っちゃう！

ブルー

ブルー

Scottish Fold
スコティッシュ フォールド

スコティッシュ
フォールドは
p168

世界の仔猫
ベスト27

ペタンと折れた小さな耳は
見る人みんなを笑顔にしちゃう
もちろん寝グセなんかじゃないよ

ダイリュートキャリコ

ダイリュートキャリコ

ダイリュートキャリコ

遊び疲れてひと休み?
おとなしくしているようでも
甘えるチャンスをねらっています

世界の仔猫
ベスト27

シャム（ブルーポイント）

シャム（シールポイント）

シャム（シールポイント）

シャム（シールポイント）　シャム（シールポイント）

Others
そのほかの仔猫たち

有名な仲間たちに負けず劣らず
とってもかわいい仔猫たちが
まだまだたくさんいるんです！

サイベリアンは **p196**

サイベリアン（シルバーマッカレルタビー）

シンガプーラは **p200**

シンガプーラ（セピア）

トンキニーズ（シールミンク）

トンキニーズは **p208**

世界の仔猫 ベスト27

トンキニーズ（シールミンク）　トンキニーズ（プラチナミンク）　トンキニーズ（ブルーミンク）

ターキッシュアンゴラ（ブラウンタビー＆ホワイト）

ニャニャ〜ン♪
ベッドでゴロゴロしていたら
すっかり日が暮れちゃったニャン

ターキッシュアンゴラは **p212**

ターキッシュアンゴラ（シルバータビー＆ホワイト）

はじめに

　やわらかい被毛に、しなやかな肢体、愛らしい鳴き声……。街角で猫を見かけるだけで、思わず飼いたくなってしまいます。猫が人間に飼い慣らされるようになったのは、約5000年前までさかのぼるといわれています。ペットとして初めて飼われたのが、当時アフリカにいた野生動物のリビアヤマネコでした。やがて長い年月をかけて世界中に広がり、その土地の気候に適した毛の色や模様に変化していきました。これが、今の猫の先祖です。

　猫は、警護犬や牧畜犬のような仕事はできませんが、5000年もの昔から、人々の心を癒してきました。

猫を飼うときに、さほど純血種を意識しないことが多いですが、最近では、猫の品種に関心を寄せる人も多く、純血種を望む飼い主が増えています。

　本書では、人気の純血猫全43種に、今話題の5猫種を加え、全48猫種を紹介しています。猫のプロフィールを中心に、カラーや被毛の色、理想的な体の形などがわかる基本的なデータを網羅し、さらにカラーバリエーションを豊富なビジュアルで紹介しています。

　猫を飼ってみたい、猫のことを知りたいと思っている人たちにとって、本書がガイド役になれば幸いです。

Contents

世界の仔猫 ベスト27 ……2

アビシニアン＆ソマリ……2
アメリカンショートヘアー……4
アメリカンカール……6
ベンガル……8
バーマン……10
ブリティッシュショートヘアー……11
シャルトリュー……12
ジャパニーズボブテイル……14
コラット……16
コーニッシュレックス……17
メインクーン……18
ノルウェージャンフォレストキャット……20
オシキャット……21
ペルシャ……22
エキゾチック……24
ヒマラヤン……25
ラガマフィン＆ラグドール……26
ロシアンブルー……28
スコティッシュフォールド……29
シャム＆オリエンタルショートヘアー……30
そのほかの仔猫たち……32

猫の色の種類……42
猫の部位と体型……44

世界の 猫図鑑

世界の猫カタログ ベスト43……40

アビシニアン……46
ソマリ……52
アメリカンショートヘアー……56
アメリカンワイヤーヘアー……62
アメリカンカール／ロングヘアー　ショートヘアー……66
ベンガル……70
バーマン……74
ボンベイ……78

そのほかの猫たち①
マンチカン／ショートヘアー　ロングヘアー……81
ブリティッシュショートヘアー……82
バーミーズ　ヨーロピアンバーミーズ……86
シャルトリュー……90

そのほかの猫たち②　サバンナ……93

Contents

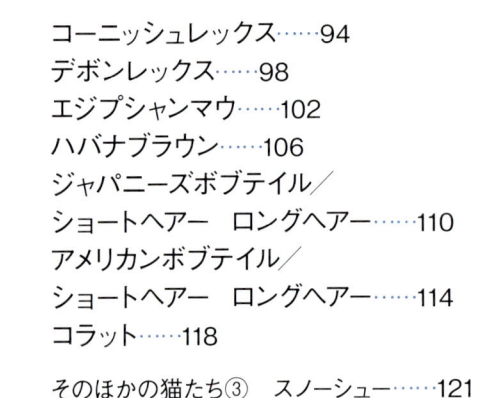

コーニッシュレックス……94
デボンレックス……98
エジプシャンマウ……102
ハバナブラウン……106
ジャパニーズボブテイル／ショートヘアー　ロングヘアー……110
アメリカンボブテイル／ショートヘアー　ロングヘアー……114
コラット……118

そのほかの猫たち③　スノーシュー……121

ラパーマ／ロングヘアー　ショートヘアー……122
メインクーン……126
マンクス／ショートヘアー　ロングヘアー……130
ノルウェージャンフォレストキャット……134
オシキャット……138
ペルシャ……142
ヒマラヤン……148
エキゾチック……152
ラガマフィン……156
ラグドール……160
ロシアンブルー……164

そのほかの猫たち④　ピクシーボブ／ショートヘアー　ロングヘアー……167

世界の猫図鑑

スコティッシュフォールド／ショートヘアー　ロングヘアー……168
セルカークレックス／ショートヘアー　ロングヘアー……172
シャム……176
カラーポイントショートヘアー……180
オリエンタル／ショートヘアー　ロングヘアー……184
バリニーズ……188
ジャバニーズ……192
サイベリアン……196
シンガプーラ……200

そのほかの猫たち⑤　ピーターボールド……203

スフィンクス……204
トンキニーズ……208
ターキッシュアンゴラ……212
ターキッシュバン……216

用語集……220

本書の見方

※CFAとは、キャット・ファンシアーズ・アソシエーションの略。1906年に創立されたアメリカで最大の愛猫協会。こういった愛猫家協会はほかにもありますが、本書では基本的にCFAの猫種基準により、カラーやパターンなどを表記しています。
※各猫種のプロフィール内でのカラーには、猫の柄を並記してある場合があります。
※写真の説明の（S）とはショートヘアー、（L）とはロングヘアーのことをそれぞれ表しています。

世界の

CFAの登録猫数を参考に、今人気の43猫種をセレクト。猫の歴史や外見的な特徴など飼うときに参考になるデータと、猫のさまざまなカラーバリエーションを豊富な写真で紹介しています。

猫カタログ
Best 43

※人気猫種に加え、今話題の5つの新猫種も紹介しています

Tonkinese

猫の色

猫の色の種類

ソリッド

単色のこと。縞や斑点などがなく、完全なる1色の被毛のこと。毛質によっては、角度で色が変わっていくように見えるものもある。猫種により他色もある。

ブラック
光沢があるつやややかな漆黒が望ましい。

ブルー
やや灰色がかったシルバーブルーのこと。

チョコレート
褐色のこと。

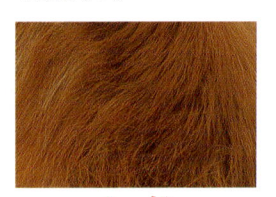

レッド
深みがあり鮮やかで茶色がかった赤。

クリーム
ごく薄い黄色がかった茶色。

ホワイト
純白。角度によってシルバーがかって見えることも。

トータシェル

一般的に、赤と黒がモザイクのように入り組んでいることを指す。トーティーともいう。ここに白斑が入ると、トータシェル&ホワイトとなる。

トータシェル
シルバーと赤の組み合わせも存在する。

シェーデッド

1本の毛の先端に色が付いていることをティッピングという。この割合が約1/2〜1/4で、それ以外は白か淡色になっている被毛のことをすべてシェーデッドという。

チンチラ
毛の先端の色の割合が、1/4〜1/3の被毛。シルバーだとチンチラシルバー、ゴールドだとチンチラゴールデン。

シェーデッド
ティッピングの割合が1本の毛全体の1/2〜1/3。

の種類

タビー

縞模様のこと。大きな縞模様のクラシック、鯖のような縞のマッカレル、ヒョウのような細かい斑点のスポッテッドが代表的。

クラシックタビー
両脇腹に大きな丸い縞がある。

マッカレルタビー
猫が最初からもっていた縞模様。縦の縞が特徴。

スポッテッドタビー
短い棒状の斑点のこと。

パーティーカラー

パターンはどんなものでも、白の斑点がある被毛を指す。白の被毛の割合によって、バイカラー、バンとなる。色の名前に「＆ホワイト」と付くことが多い。

キャリコ
黒と赤に白斑が入った色。ミケともいう。

バイカラー
体の約1/3～1/2がホワイト。特に四肢や腹部。

バン
頭部と尾だけに色があること。白斑が最も多い。

ポインテッド

シャムやヒマラヤンのように、頭や耳、足、尾などの体の末端部に色がついている場合。

ソリッドポイント
体の末端部のポイントカラーが1色の状態のこと。

リンクスポイント
ポイントカラーの中に縞模様があること。

トーティーポイント
ポイントカラーに赤と黒が入っている状態。

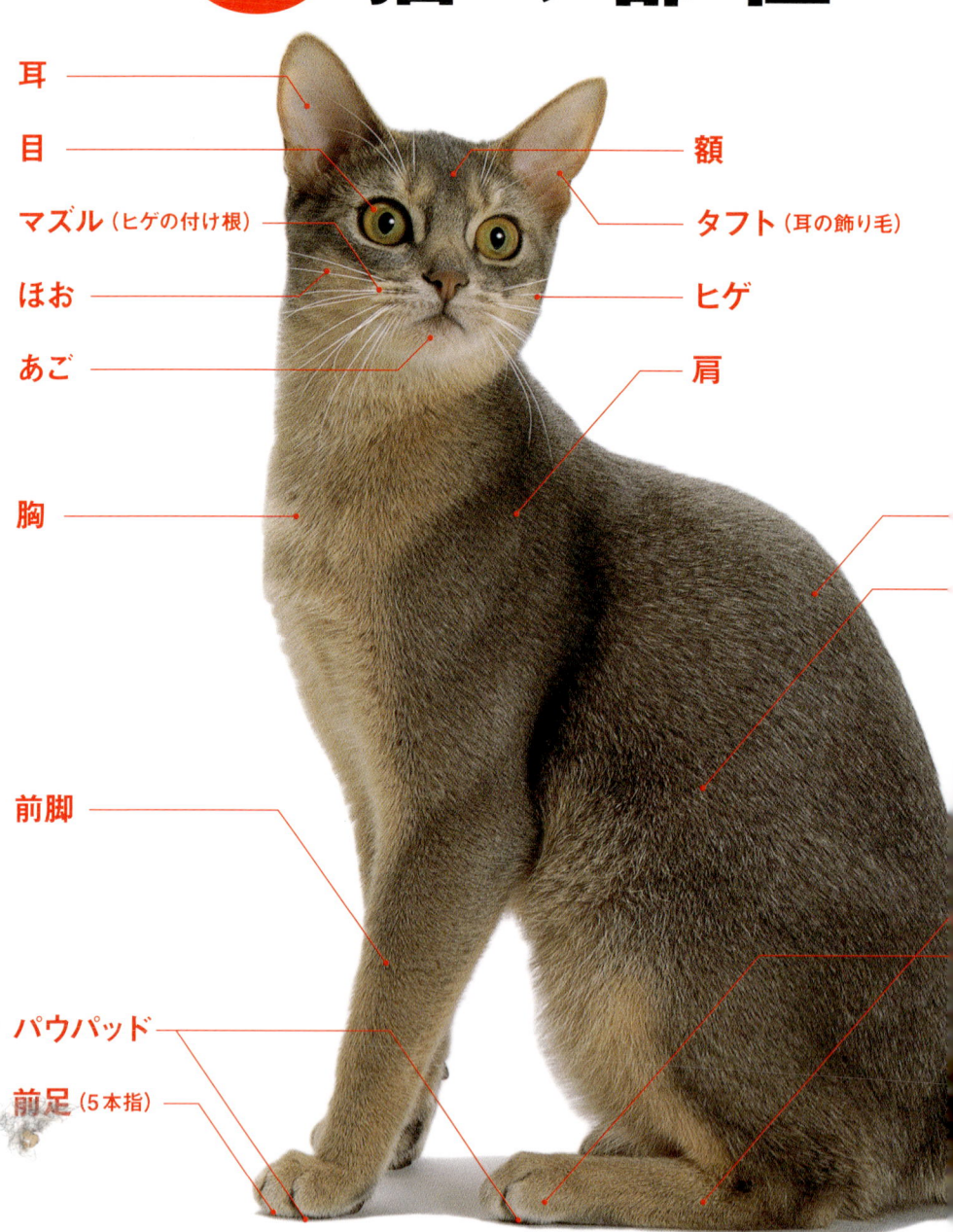

猫の部位と体型 — 猫の部位

- 耳
- 目
- マズル（ヒゲの付け根）
- ほお
- あご
- 胸
- 前脚
- パウパッド
- 前足（5本指）
- 額
- タフト（耳の飾り毛）
- ヒゲ
- 肩

と体型

背中

脇腹、側面

後ろ脚

後ろ足（4本指）

尾

アビシニアン（ブルー）

猫の体型

●コビー
太くて丸い体型のこと。ペルシャやバーミーズなどがそれにあたる。

●セミコビー
コビータイプよりもやや太めの体型。シャルトリューなど。

●セミフォーリン
やや細身でセミコビーよりもしなやかさがあるタイプ。

●フォーリン
アビシニアンやロシアンブルーなど、セミフォーリンよりも細身の体型。

●オリエンタル
シャムに代表される細くて長いタイプ。しなやかさが強調された体型。

●ロング アンド サブスタンシャル
最も大きくがっしりしていて、全体的に長い胴体のこと。

猫の発生について

猫の発生は、人為的に交配させたものか、突然変異のものか、自然に発生したものかに分けられる。

●人為的発生
人間が希望にあった猫同士を交配させて作り上げた品種。オシキャットやヒマラヤンなどがそれにあたる。

●突然変異的発生
突然変異で表れた猫の特質を、人間の手によって固定させた品種のこと。コーニッシュレックスやスフィンクスなどがそれにあたる。

●自然発生
長い年月をかけて、確立されてきた品種。シャムやペルシャなどは人為が加わっていない品種。

黄金の毛をもつ、美しい容貌
アビシニアン
Abyssinian

長毛種 **短毛種**

全体の印象
オリエンタルな印象を持つ、家猫のルーツの一つ。すばやい身のこなしとしなやかで優雅な印象から、人気の高い品種である。ボディは硬く引き締まった筋肉質で、被毛にははっきりとしたティッキング（1本の毛で2色以上の色があること）が見られる。

動きは俊敏だが発情期でもあまりうるさく鳴かず、ふだんも声を出すことはほとんどない。

性格
いつでも躍動感にあふれていて、どんなことにも興味を示す好奇心旺盛な性格である。生活環境が変わっても適応力はある。ただしやや神経質なところがあり、見知らぬ人に対して敏感に反応する。

飼い方のポイント
気むずかしいところがなく、生活環境が変わってもスムーズになじむことができるので、飼い方で苦労する要素はあまりない。強いて挙げれば、人の側で過ごすのが好きな猫なので、なるべく一緒にいてあげるとよい。

仔猫の性格&飼い方
甘えん坊で、遊ぶことが大好きな性格は仔猫のときから変わらない。スキンシップをかねてよくなでてあげたり、遊んであげたりするとよいだろう。やや寒さに弱いので、冬場はタオルや毛布などで保温すること。

尾
付け根は太いが、先端にいくほど細くなっていく。見た目は細くて繊細なイメージだが、触ると弾力と厚みがある。毛の長さは中くらいでつやがある。

耳
大きなカップ状で先端がほどよく尖っており、機敏によく動く。耳の毛はとても短く、横たわるように生えている。

目
大きく輝いたアーモンド型。目の周りには細くて濃い黒いラインと、それを取り囲む薄いラインがある。

頭
やや丸みを帯び、変形したくさび型。鼻筋から額にかけてやや高くなっている。横から見ると、眉毛、鼻、マズルにかけて緩やかなカーブを描いている。

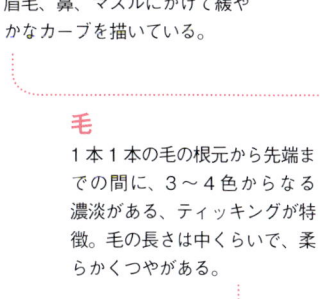

毛
1本1本の毛の根元から先端までの間に、3〜4色からなる濃淡がある、ティッキングが特徴。毛の長さは中くらいで、柔らかくつやがある。

体型
細身のフォーリンタイプ。筋肉がよく発達し非常にしなやか。なだらかな曲線を描いたボディラインはとても美しく、優雅な印象を与える。

四肢
脚はほっそりしていて長い。立つと地面から離れ、つま先立ちしたように見える。

ルディ

Abyssinian Variation

アビシニアンの被毛の特徴

アビシニアンの最大の特徴は、毛の1本1本に3～4色の濃淡があるティックドコート。見る角度によってさまざまな輝きを見せ、人々を魅了する。また、額や四肢にわずかに見える縞模様も印象的。アビシニアンタビーともいわれるが、白い下毛が体全体を覆っているので、実際には縞模様はほとんど見えない。

**ひょいっと
障害物をよけて歩くさまは
さながらヒョウのよう**

レッド

ブルー

優雅なイメージとは
うらはらに
キュートな一面も

ルディ

49

Abyssinian Variation

レッド

賢く、飼い主の愛情にも
よく応える
まさに「家猫」の直系

フォーン

ブルー

Abyssinian's Profile

Data
種類　短毛種
原産地　イギリス
ボディタイプ　フォーリン
発生スタイル　自然発生
カラー　ルディ、レッド、ブルー、フォーンのみ

世界最古の家猫？
　家猫として最も古いといわれる。種の確立がいつごろか、はっきりとはわかっていないが、19世紀の後半、1860年代という説が有力である。

実はエチオピア原産ではない
　東アフリカのエチオピアは昔「アビシニア」と呼ばれていたため、エチオピア生まれの種と考えられがちだが、近年は遺伝学者の研究によりインド洋の沿岸地域や東南アジアの一部ではないかと推測されている。

アビシニアンの名前の由来は？
　アビシニアンという名前が付いたのは、1871年にイギリスで開催された品評会で、アビシニア（エチオピア）から来た種だと報告されたのがその理由である。

初出資料は19世紀後半
　アビシニアンという名が最初に登場する資料は、1872年の『ハーパーズ・ウィークリー』で、上記の品評会についての記事。また、現在残っている最古の剥製は、オランダにあるライデン動物博物館が1930年代に入手したものである。

イギリスでの交配で定着した種
　起源はインド洋沿岸や東南アジアとされるが、種として定着した国はイギリス。祖先的な種とイギリスの在来種との交配により定着したようだ。

種の名前を冠したタビー
　アビシニアンの被毛はアビシニアンタビー（またはアグーティタビー）と呼ばれ、下毛が体全体を覆っているため額を除いてほとんど縞模様がない。

華麗なアビシニアンの長毛種
ソマリ
Somali

`長毛種` `短毛種`

全体の印象
ときどき生まれるアビシニアンの長毛種を元に作られた品種。やわらかいセミロングの被毛は、密度の濃いダブルコート。元のボディはアビシニアンと変わらないが、毛にボリュームがあるため大きく見える。毛の長さ以外、性格や特徴はアビシニアンと同じで人なつっこい。ふさふさとした尾をひるがえして敏捷に動くさまはとても優雅だ。大きな音や新しい環境に過敏に反応するところもあるが、愛情豊かに接すれば心を開く。

性格
基本的に人によくなつくが、知らない人間や新しい環境に対しては用心深い一面がある。また、狭い空間に置かれると機嫌が悪くなることも。

飼い方のポイント
神経質で用心深い部分は、飼い主がやさしく愛情を持って接すればだんだんなくなっていくので、ほったらかしにしないことが大切である。また、アビシニアンに比べて毛が長いのでこまめな手入れを忘れずに。

目
アーモンド型で表情豊か。まぶたは濃い黒毛でふち取られ、その周りを明るい毛が囲っている。

レッド

四肢
脚は長くほっそりしているが筋肉は発達している。足の形は卵型で、つま先立ちしたような立ち方である。

耳
大きく、ピンと立ち上がっている。耳と耳との間は離れていて、付け根は広いカップ状になっている。内側に水平に生えている耳毛がある。

仔猫の性格＆飼い方
アビシニアンと同じく、遊び好きで人なつっこい。やや神経質なところもあるため、あまりうるさいところで飼うことはおすすめしない。毛が落ちやすいので、1日1回はブラッシングしてあげること。

頭
平らな面がない、丸みを帯びたくさび型で、額、ほお、横顔の線はなだらかな線を描いている。

体型
中くらいのフォーリンタイプ。筋肉が発達し、しなやかで優雅な印象。胸部は丸く、背中はやや弓なりになっている。

毛
絹のようにやわらかく、ふさふさとして手触りは抜群。アンダーコートとトップコートが密集して生えている。とても繊細なダブルコートが特徴。

尾
ブラシの毛のようにふわっとしていて、やや先細りしている。長さは胴体とのバランスが取れている。

Somali
Variation

ブルー

シルバー
※シルバーのソマリ
はCFAでは認めら
れていない

ボリュームたっぷりの
輝く被毛は
いちだんと優雅！

フォーン

Somali's Profile

出産&生育面ではのんびりタイプ

　種によって違いはあるが、猫はだいたい年に1～3回、一度に平均4匹の仔猫を生む。ソマリが生む仔猫は平均3～4匹といわれている。また、成猫となる期間も平均は生後12カ月だがソマリは18カ月以上と遅い。

バランスの取れた体躯を持つ

　ボディタイプはアビシニアンと同じくフォーリンタイプだが、骨格も筋肉も十分に発達していて、"細い"という印象はあまり受けない。とはいえ、豹を思わせるしなやかな身のこなしは、アビシニアン同様に美しい。

ちょっと自意識過剰な一面も?

　動きの美しさもさることながら、ソマリはトレードマークであるセミロングの被毛の美しさを自覚しているところがあり、周りに見せつけるような仕草も見られる。なので、こまめに抜け毛の処理をしないと機嫌が悪くなることも。

長い毛には4種の認定色が

　自他ともに認める見事なセミロングの被毛は、アビシニアンより長い分、いっそう優美。毛色はCFAではルディ、レッド、ブルー、フォーンの4色があり、品評会では色の密度が濃いほど良とされる。

Data

種類　長毛種
原産地　イギリス
ボディタイプ　フォーリン
発生スタイル　突然変異的発生
カラー　ルディ、レッド、ブルー、フォーンのみ

イギリスで計画繁殖された種

　元々は突然変異的に生まれたアビシニアンの一種。種として洗練されたのがイギリスなのもアビシニアンと同じだが、ソマリの場合はアビシニアンよりもさらに念入りな計画のもとで繁殖がなされた。1960年代後半にアメリカのショーに登場してから、1980年代にはヨーロッパへ、1990年代には世界中で知られるようになった。

エネルギッシュで穏やかな人気猫
アメリカンショートヘアー
American Shorthair

長毛種 **短毛種**

全体の印象

イギリスの清教徒たちがアメリカへ移住したときに連れてきた猫を祖先とする、アメリカを代表する短毛種である。ネズミを捕る能力が高く、ワーキングキャットとして重宝されてきた。かなり高いところまで飛び移るジャンプ力は特筆すべきもの。肩、胸、下半身には力強い筋肉がつき、いまだに開拓時代に培った野性的な性質が残っている。屋外の気候の変化をしのぐ厚い被毛もゴージャスな印象を与える。

性格

穏やかで、人間とすぐ仲よくなれる。自然の中で生きてきた猫なので、怖いもの知らずで独立心も豊か。ただ、違う種の猫や犬とも仲よく接する協調性もある。どんな環境にも耐えるたくましさを持つ猫である。

飼い方のポイント

ネズミなど獲物をつかまえる習性が根強く残っているため、遊ぶ時間を多く取ってたくさん運動させてあげること。毛の手入れはブラッシングを1日に1回程度行えばよい。

体型
中くらいのセミコビータイプ。全体的に曲線的なボディだが、筋肉がよく発達している。首元も太く、特にオスは胸元がしっかりしている。

毛
手触りは硬く、短い。ボディに密着して生えていて、気候の変化に対応するよう、十分な厚みがある。

尾
中くらいの長さ。付け根がしっかりしていて、先端はやや細くなっている。

仔猫の性格＆飼い方

仔猫のときからとても丈夫で、人間にもよくなつく。しかし必要以上にベタベタされるのを好まないので、かわいがり過ぎず少し距離を置きながら飼うのがよい。グルーミングはなでる程度で十分毛は取れる。

頭
大きく、横幅よりも縦幅の方が目立つダ円形で、ほおが大きい。頭蓋骨は両目の間で少し窪んでいる。下あごはしっかりと発達していて、長さがある。マズルは中ぐらいの大きさで四角く張っている。

耳
中くらいの大きさで、先端はそれほど尖っていない。両耳の間隔はやや広い。

目
丸くてやや大きめ。上まぶたはアーモンド型で、下まぶたは緩やかにカーブしている。目と目の間は離れているが、表情豊かである。

四肢
4本の脚すべてがまっすぐに伸び、がっしりした印象。四肢にはどんな地面でもジャンプができるような強い力を備えている。足先は丸い。

シルバークラシックタビー

American Shorthair Variation

シェーデッドシルバー

ホワイト（オッドアイ）

飼い主に従順で
愛らしい姿は
人気猫として常にランクイン！

縞模様のおもしろさ

アメリカンショートヘアーの代表的な縞模様に、クラシックタビーがある。胴体には大きく渦を巻いたようなダイナミックな縞模様、額にはM字形の縞模様があり、これが耳の後ろまで伸びている。さらに目尻からほおにかけて通っているラインは「クレオパトラライン」と呼ばれ、尾に通った縞は「リング」とそれぞれ呼ばれている。

ワーキングキャットとして

人なつっこく、なでられたり抱かれたりするのが大好きなキュートで愛らしい猫というイメージが強いが、その一面、ネズミを素早く捕らえる、剛健な面もある。これはかつてこの猫が、ネズミ取り用のペットとして、人々とともに暮らしてきたからこそその特徴だ。人間の手を借りずとも生きていける強さがこの猫には備わっているのだ。

かわいらしい顔をしているけどマウスハンターとしての評価もピカイチ！

ブラウンクラシックタビー

シルバーパッチドタビー&ホワイト

American Shorthair Variation

ブルークリーム

目を見開いて
ジッと凝視…
ネズミを狙ってるの？

（左）シルバークラシックタビー／（右）ブラウンクラシックタビー

American Shorthair's Profile

計画繁殖で今日の種を確立

20世紀に入ると、輸入種との異種交配によりさまざまな短毛種の猫が生まれた。そこで、元の短毛種を守ろうと考えた愛猫家が計画繁殖を行い、1930年代後半から1940年代前半の期間に、現在の姿が完成された。

"アメリカン"と呼ばれるワケは

名前を直訳すれば「アメリカの短毛種」となるが、最初はドメスティック（＝国産の）ショートヘアーと呼ばれていた。その後、ほかの数多くの短毛種と区別するため、1966年にアメリカンショートヘアーと改名された。

たくさんの色と模様がある

アメリカンショートヘアーといえばシルバーとブラックの縞模様のシルバータビーが有名だが、そのほか、ブラウンタビーやトータシェル、ホワイトなど、色や柄の種類は、80以上が認定されている。

品評会での輝かしいキャリア

数々の受賞歴を誇るアメリカンショートヘアー。1896年にイギリスで行われたショーでは、なんと2500ドル（現在の2500万円前後）の値がついた。近年も世界中の品評会で第1位タイトルを受賞している。

Data

種類　短毛種
原産地　アメリカ
ボディタイプ　セミコビー
発生スタイル　自然発生
カラー　タビーパターンのほかソリッド、トータシェル、バイカラー等多数

17世紀にイギリスから到着

1620年にイギリスから北アメリカ大陸へ清教徒たちを運んだ船・メイフラワー号には、ネズミ捕りのために数匹の猫が乗り込んでいた。この猫たちがアメリカンショートヘアーの祖先である。最初は数匹だったが、新天地・北アメリカでしだいに繁殖し、北アメリカを代表する品種となった。

弾力のある縮れ毛がめずらしい
アメリカンワイヤーヘアー
American Wirehair　　　　長毛種　**短毛種**

全体の印象
突然変異で生まれたアメリカンショートヘアーの縮れ毛の仔猫を元にした品種。一般のペットショップで流通している猫ではないため、数は少なくてもめずらしい種の一つである。特徴はなんといっても硬く縮れた被毛。下毛だけでなく上毛まで1本1本が縮れており、厚くて弾力のある毛は、まるで細い針金で作られたスチールタワシを思わせる。

性格
被毛以外の特徴はアメリカンショートヘアーと同じで、好奇心、独立心が強い。また、プライドが高いため、ほかの猫に対して威圧した態度をとることも。ただし人間は別で、人と遊んだり抱かれたりするのが大好きな甘えん坊である。

飼い方のポイント
週に1回くらい、なでながら抜け毛を取り除いてやれば、そのほかは特に手がかからない。健康でほとんど病気をせず、また情緒も安定しているので、とても飼いやすい。

四肢
体型とバランスがよい中くらいの長さ。筋肉がほどよく付き、がっしりしている。

耳
先端がやや丸くなっている中ぐらいの大きさ。耳と耳の位置は離れているが、上を向いたように付いているのでさほど距離感は感じない。耳の毛もややカールしている。

仔猫の性格&飼い方
よく動き、仔猫のときからとても健康。生まれた頃からすでに縮れ毛で、生後4〜5ヶ月には完全な縮れ毛になる。ブラシなどを使い、1日1回ほどなでてあげるだけで、十分ブラッシング効果はある。

目
大きくて丸く、クリアな印象。目と目の間は適度に離れている。目尻はややつり上がっている。

頭
体とのバランスが取れた丸い骨格。ほお骨は突き出ていて、マズルとあごはよく発達している。鼻は横から見るとなだらかに窪んでいる。

体型
中くらいの大きさのセミコビータイプ。背中は水平で、肩と腰の幅はほぼ同じ大きさ。横から見るとやや丸みのある長方形をしている。

毛
1本1本の毛が縮れていたり、かぎ状になっていたりするのが第一の特徴。密集していて、触ると針金のように硬く、弾力がある。

尾
丸みのある尻から先細りして生えている。長さは体型とバランスが取れている。

レッドクラシックタビー&ホワイト

American Wirehair Variation

針金のように
ごわごわした毛は
なでるたびに新鮮！

ブラック&ホワイト

ホワイト

ブラウンクラシック
タビー&ホワイト

ブラック&ホワイト

American Wirehair's Profile

Data

種類　短毛種
原産地　アメリカ
ボディタイプ　セミコビー
発生スタイル　突然変異的発生
カラー　ホワイト等ソリッドのほか、タビーパターン、バイカラー等多数

1匹のチリチリ仔猫が祖先

　1966年、ニューヨーク州北部のある農家で生まれた数匹の仔猫の中に、1匹だけ被毛の縮れた仔猫が混じっていた。同様の突然変異は今のところ報告されておらず、その仔猫がすべてのワイヤーヘアーの祖先であり、アダムと名づけられたその仔猫から計画繁殖が進められた。しかし、アメリカとカナダ以外はあまり知られていない。

くるんとカールした耳が愛らしい
アメリカンカール ロングヘアー／ショートヘアー
American Curl Longhair, Shorthair 　長毛種　短毛種

全体の印象
突然変異によるキュートな姿を持つ猫。後ろ向きにカールしたやや大きめの耳が一番の特徴だが、生まれてすぐはまだ耳はまっすぐで、生後1週間ほどでカールしてくる。従来から一般的に知られているのは、セミロングの被毛を持つ長毛種。ただ最近は短毛種も人気が出てきている。中型でバランスの取れたボディは筋肉質だが、体重はどちらかといえば少なめだ。

性格
飼い主の行くところならどこにでもついてくるほど、人なつっこい。成長してからも遊ぶことが大好きで、いつまでも仔猫のように甘えてくる。芸を覚えられるほどりこうなので、しつけはしやすい。

飼い方のポイント
ロングヘアーは成長して被毛が完成するまで3～4年かかるので、適切な食事と運動による健康維持を心がける。成長してからも、長毛種はブラッシングとコーミングを毎日1～2回行い、手入れを怠らないこと。

●アメリカンカールロングヘアー（L）
突然変異により耳がカールした野良猫から、やがて品種として認められた猫。定番はロングヘアーの方で、被毛はつややかでとてもやわらかい。セミロングの被毛はもつれにくく、グルーミングの手間もさほど必要ない。

毛
ロングヘアーの毛質は繊細で、とても充実している。セミロングのシルキーでやわらかい毛は、アンダーコートが少ないため、ボディに沿って寝て生えている。

体型＆尾
中くらいの大きさで、長方形。胸幅はやや厚みがある。尾はボディより長く、飾り毛はふさふさとしていてたっぷりある。付け根は広く先細りしている。

●アメリカンカールショートヘアー（S）

突然変異で生まれた猫はロングヘアーであったが、最近になってショートヘアーも人気が出始めている。シャムの血を受け継いでいるため、ポインテッドのほかさまざまなカラーが存在する。手入れはロングヘアーより少なく飼いやすい。

頭＆目＆耳
やや縦長の変形したくさび型。マズルはなだらかで丸く、目はやや大きめのくるみ型。耳は正面から見たとき、後頭部へ向かって弧を描くように90度から180度までカールしている。

ブラウンスポッテッドタビー

シールトーティーリンクスポイント

四肢
中くらいの長さで、前からや横から見てまっすぐ付いている。太くもないし細くもないが筋肉はしっかり付いている。

仔猫の性格＆飼い方
生まれたばかりは耳が立っているが、生後1週間ほどで後ろへ反っていく。性格は穏やかで落ち着いているので飼いやすい。成猫になるのが遅いので、仔猫の頃から高タンパク、高カロリーの食事を与えること。

American curl Variation

ブルークリーム (L)

くるんとカールした耳と
ふわふわな被毛が
素朴なかわいらしさ

クリームマッカレルタビー＆ホワイト (L)

ブラック＆ホワイト (L)

シルバーマッカレルタビー (L)

American curl Variation

トータシェル&ホワイト (S)

キャリコ (S)

American Curl's Profile
Data

種類　短毛種／長毛種
原産地　アメリカ
ボディタイプ　セミフォーリン
発生スタイル　突然変異的発生
カラー　ホワイト等のソリッドのほかバイカラー、トータシェル等多数

カリフォルニアの野良猫が祖

　アメリカンカールの起源は比較的新しい。1981年にカリフォルニア州南部のレイクウッドで、ある夫婦が耳のカールした黒毛のメス猫を拾った。現存種の真正の血統は、すべてこの1匹の野良猫につながる。

ヤマネコの血を受け継ぐ、美しき小獣キャット

ベンガル

Bengal

長毛種 / 短毛種

全体の印象

いわゆるヒョウ柄のような斑点模様がトレードマーク。短毛種だが厚みを感じさせるゴージャスな毛並みをしており、感触はミンクのようにやわらかく、ほかの猫種とは一線を画す高級感を帯びている。骨格も筋肉もがっしりとして、毛の斑点模様と相まって野性味あふれる。特にオスのたくましさは秀逸である。

性格

がっしりとしたボディのため野性的に見えるが、実は穏やかな性格。人間の言葉に鳴き声で反応したりするなど社交的な面もある。動きは活発で、運動量もほかの猫より多く、高いところに登るのが得意。遊ぶことも大好きで、成猫になってからもおもちゃでじゃれて遊んだり、甘えてきたりする。

飼い方のポイント

十分な運動をさせること。上下運動ができるキャットタワーなどを用意するとよい。グルーミングはなでる程度でよく、シャンプーは月に1回すれば問題ない。

目
アーモンド型でやや大きめ。横から見ると窪んでいて、つり上がっている。

四肢
中くらいの長さで前脚より後ろ脚の方がやや長い。足の指ががっしりとして大きく、筋肉質でしなやかに伸びている。

仔猫の性格＆飼い方

仔猫のときから運動量が必要なので、十分な広さと高さのある部屋で飼うのがよい。基本的には遊ぶことが大好きで穏やかな性格だが、野性の血が混じっているのでしつこく触られたり抱っこされたりするのを嫌がる。

耳
平らで小さめ。付け根は広く、先端は丸くなっている。正面から見ると顔の輪郭に沿って生えていて、横からみるとやや前に傾いている。

頭
平らなくさび型で、少し縦長。鼻は長く、前から見ると鼻孔が開き、突き出している。マズルは大きく突き出ていて、ほお骨は高い。

毛
美しい斑点と、絹のようなすべすべとした毛質は、ほかの猫には見られないほど立派である。アンダーコートは短くて厚いため、毛は寝て生えている。

体型
胴が長く、骨太でがっしりとしていて弱々しい感じはしない。首は頭部よりも少し長く、付け根が太くしっかりしている。

尾
長さや太さともに平均的。付け根から先端にかけて先細りしている。

シールスポッテッド
リンクスポイント

Bengal Variation

美しい斑点の被毛と
さっそうとした身のこなし
まさにワイルドキャット

シールスポッテッドリンクスポイント

ブラウンスポッテッドタビー

ブラウンスポッテッドタビー

Bengal's Profile

インドの河から名づけられた

　ベンガルという名前は、インドのベンガル河に由来する。アジアンレパードを初めて観察したとされる欧米人が、その観察場所がベンガル河の流域だったことから名づけたといわれている。

アジアンレパードはどんな猫か

　ベンガルの祖先ともいえるアジアンレパードは、アジア諸国に生息する野生種。高温多湿な地域で暮らす夜行性の猫で、水遊びを好むという猫としてはめずらしい性質を持つ。野生の性質は現在ほぼ抑えられているが、アジアンレパードは非常に凶暴で、人間に飼い慣らされることはまずない。

種として完成されるまでの経緯

　最初の交配の後、多くのブリーダーが計画繁殖を試みたが、現在まで続くものはなかった。1970年代になると遺伝子の研究が進み、それに基づいて再び交配が行われた。これが今のベンガルの血統となり、1985年、品評会に出陳されて華々しいデビューを飾った。

認定されてもなお条件が

　注目を集めたベンガルだったが、野生猫との混血であるこの猫を認めない団体もある。TICAでも三代祖に野生の血が入った猫は品評会に出せない。

Data

種類　短毛種
原産地　アメリカ
ボディタイプ　ロング アンド サブスタンシャル
発生スタイル　人為的発生
カラー　ブラウン、シールセピア等のスポッテッドとマーブルのパターン

東洋と西洋の遺伝子が融合

　人為的な交配によって生まれた種。アメリカのアリゾナ州に住むブリーダーが、1960年代前半にアジアンレパードと斑点のある家猫を交配させたのが最初とされる。一時期、交配は中止されていたが、1970年代になって再開され、1983年にTICA（アメリカの愛猫家協会）に公式認定された。

数多くの伝説を残す、神聖な猫

バーマン

Birman

長毛種 短毛種

全体の印象

ビルマ（現在のミャンマー）の聖猫と呼ばれ、この猫については数多くの伝説が残されている。外見の特徴は、足の先がちょうど白い靴下をはいているように白くなっていること。前足の部分はグローブといい、第3関節まで白い毛が生え、左右同一線上にある。後ろ脚の白い毛はレースと呼ばれ、飛節（後ろ脚のかかと部分）のほぼ中間点までのびている。長毛種だが夏は短い毛に生え替わるため、冬と夏では見た目の印象ががらりと変わる。

性格

飼い主に忠実で、精神的にも安定している。人間の気持ちを読み取ることにも長けている。病気への抵抗力が強いので、健康で長生きする。

飼い方のポイント

高タンパク、高カロリーの食事を心がけると同時に、食べた分の運動をきちんとさせること。全体に毛足が長いので毎日のブラッシングとコーミングは欠かせないが、毛のもつれはそれほどなく、手入れはしやすい。

尾
長さは中くらい。ふわふわとした毛が生えている。

体型
胴はやや長く、骨格はがっしりとしていて筋肉質。ほとんどの場合、オスの方がメスより大きい。

四肢
長さは中くらいで、ボディと釣り合いが取れている。筋肉質でがっしりとしている。

仔猫の性格＆飼い方

とてもおとなしく、必要以上に鳴き声を出さないので、マンション暮らしでも安心して飼うことができる。とてもりこうで仔猫のときからしつけがしやすい。毛はもつれにくいが、1日1回のブラッシングを忘れずに。

毛
全体的に長く、シルクのような手触り。顔や首元の毛は短く、背中に向かって長くなっていき、腹部はややカールしている。足の先端は手袋をしたように白い。

耳
付け根の幅は耳の高さとほぼ同じくらいで、大きさは中くらい。先端は丸みを帯びている。

頭
前から見ると丸くて幅広い。鼻は中くらいの長さと大きさで、顔とバランスが取れている。ほおは丸みを帯びていて、ほお骨は高く突き出ている。下あごはしっかりしている。

シールポイント

目
大きくて丸く、少しつり上がっている。色は鮮やかなサファイアブルー。目と目の間は離れている。

Birman Variation

ビルマの高僧を
天上世界へ導いたという
伝説が残る猫

ブルークリームポイント

チョコレートリンクスポイント

ブルーリンクスポイント

チョコレートトーティーポイント

飼い主に従順で
控えめな性格は
まさに聖猫にふさわしい

ブルーリンクスポイント

Birman's Profile

Data

種類　長毛種
原産地　ビルマ（現在のミャンマー）
ボディタイプ　ロング アンド サブスタンシャル
発生スタイル　自然発生
カラー　シール、ブルーリンクス等のポインテッドカラーのみ

お腹の仔猫と海を渡った

　1916年に1対のバーマンがミャンマーからフランスへ運ばれたのが、ヨーロッパへの初上陸。長旅でメスだけが生き残り、妊娠までしていたのは幸運な偶然だった。

黄金の瞳をもつ "黒ヒョウ"

ボンベイ
Bombay

長毛種 **短毛種**

全体の印象

バーミーズとアメリカンショートヘアーの交配によって作り出された品種。体のサイズや骨格は中型だが、筋肉質なので見かけよりも体重は重い。全身黒一色でエナメルのような光沢のある被毛は、サテンのような触り心地。毛は細く、体に密着するように生えている。やや左右に離れている目はゴールドからカッパー（銅色）のような色をしていて、真っ黒な被毛との対比でひと際強い印象を与える。

性格

人間が飼うために作られた猫なので、人なつっこい性格なのはもちろん、体をなでられたり抱かれたりすることを好む。おとなしいので家の中で飼うのに適しているが、性格的には運動が大好きである。

飼い方のポイント

食欲旺盛で健康だが、それを損なわないように配慮することは大切。バランスの取れた食事と適度な運動を与える。毛の手入れはブラッシングを1日1回すればよい。

目
丸くて大きく、やや離れて位置している。目の色はゴールドからカッパー（銅色）で、漆黒の毛色との絶妙なコントラストを描いている。

四肢
体の大きさに比例してやや長い。骨格は普通の大きさで、筋肉が発達している。

耳
中くらいのサイズ。耳と耳の間はよく離れていて、ピンと前を向いて立っている。付け根は広く、先端は丸みを帯びている。

仔猫の性格＆飼い方
仔猫のときから十分な運動をさせること。また、なでるだけでもブラッシング効果はあるが、成猫になってから急にブラシをかけると嫌がることもあるので、仔猫のうちからブラッシングに慣れさせておくこと。

頭
大きさは中くらいで、どこから見ても丸みを帯びている。鼻先は横から見ると適度に丸みがあり、マズルも丸くよく発達している。

毛
エナメルのように光沢があり、サテンのようにつややかな質感。毛は細く密着して寝て生えている。

尾
長さ、大きさとともに中くらい。まっすぐでやや先細りしている。

体型
大きさは中くらいだが、筋肉質でどっしりと重たい。骨格もしっかりしており、特に肋骨の骨格が幅広い。

ブラック

Bombay Variation

ブラック

Bombay's Profile

Data
種類　短毛種
原産地　アメリカ
ボディタイプ　セミコビー
発生スタイル　人為的発生
カラー　ブラックのみ

1950年代にアメリカで誕生

　作出を考えたのはケンタッキー州の有名なブリーダーで、1953年から近親・異系交配に取り組み、全身が黒の短毛種を完成させることに成功。1976年にCFA（アメリカの愛猫家協会）のチャンピオンシップを獲得し、品種として認定された。

The Other Cats
そのほかの猫たち①

マンチカンショートヘアー&ロングヘアー
Munchkin Shorthair(S), Longhair(L)

犬のダックスフンドのように、短い足が特徴のめずらしい猫。トレードマークの短い足は突然変異によるもの。1990年代にアメリカで生まれた短い足の猫から交配を繰り返し、品種として認められた新しい猫である。

体の大きさは中くらいのセミコビーだが、四肢が短いため、横に長く感じられる。大きな耳とクルミ型の目をもったあどけない表情で、かがんでいるような姿勢でチョコチョコと歩く姿はなんともかわいらしい。

足が短いせいで日常生活に支障をきたすことはなく、それが原因で病気にかかりやすくなる心配も少ない。木登りもできればジャンプもこなす。

ブラック&ホワイト (L)

チョコレートクラシックタビー&ホワイト (S)

トータシェル&ホワイト (S)

イギリス最古のたくましい猫
ブリティッシュショートヘアー
British Shorthair

長毛種 　**短毛種**

全体の印象
イギリスでネズミ捕りとして活躍していたワーキングキャット。大きい顔や、目、ほおなど全体的に丸みを帯び、厚い胸板と広い肩幅のがっしりした体つきである。オスはメスよりもかなり大型になる。上質のビロードのような被毛は、密に生えており、短く硬いので寒い環境にも適応できる。

性格
優れた身体能力を持っているが、実はいたって穏やかな性格で、鳴き声も静か。むしろのんびり屋なところさえある。ただし、自分だけでも生きていける、たくましい性格を持っているので、あまり人間とベタベタするのを好まない。また、騒がしい場所も苦手。

飼い方のポイント
がっしりした体を維持するため、高タンパク、高カロリーの食事と適度な運動は欠かせない。相手がいなくても一人遊びが得意だが、猫によっては甘えたがるタイプもいるのでときどき相手をしてあげるとよい。

耳
中くらいの大きさで離れて位置している。付け根はやや広く、先端は丸い。

目
丸くて大きい。鼻の幅くらい離れて付いている。色はさまざまな種類がある。

レッドスポッテッドタビー

仔猫の性格&飼い方

物静かな性格で、控えめで人なつっこいので飼いやすい。しかし必要以上に触られるのを嫌がるので、仔猫だからといってベタベタするのは避けること。短毛種だが毛が抜けやすいので、毎日1回はブラッシングを。

頭
丸くて大きく、幅広い。リスのようにほおがふっくらとしていて、あごも発達している。マズルは丸くたくましい。鼻は短めで、しっかりした下あごに向かってまっすぐに付いている。

体型
中くらいのセミコビータイプ。筋肉がしっかりしていて、厚みがあり、特に胸、肩、臀部にたっぷりとした厚みがある。

毛
短くやや硬い毛が密集して生えている。なでるとしっかりした質感があり、厚くふかふかしている。

尾
体の3分の2ほどの長さ。根元は太くて厚く、先端は丸みを帯びている。

四肢
ボディの長さよりもやや短い。骨太でがっしりとしていて、筋肉も発達している。足先は大きく、丸みがある。

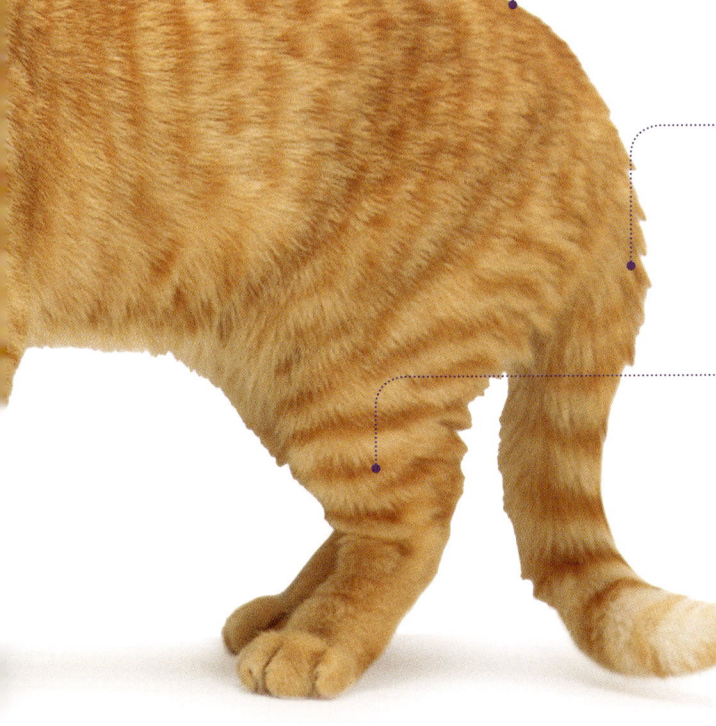

British Shorthair
Variation

ブルー&ホワイト

ブルークリーム

たくましい外見からは
想像がつかないほど
実は穏やかで静かな性格

ホワイト

ブルーパッチドタビー&ホワイト

British Shorthair's Profile

Data
種類　短毛種
原産地　イギリス
ボディタイプ　セミコビー
発生スタイル　自然発生
カラー　ホワイト、ブラック等ソリッドのほか、トータシェル、キャリコ、バイカラー等多数

2000年以上の歴史を持つ

およそ2000年前、古代ローマ人がイギリスに持ち込んだ猫で、イギリス最古の品種とされる。ネズミは食料をかじるだけでなく伝染病の運び屋でもあり、ブリティッシュショートヘアーはその健康な体と温和な性格に加えて、ネズミ捕りの能力の高さから、各家庭で貴重な存在だった。

アメリカでの認定は意外に遅い

イギリス最古の猫ではあるが、品種として認定されたのは19世紀末のこと。そこからすぐに世界的に認定されたわけではなく、アメリカの各団体でチャンピオンシップを獲得し出したのは1980年のことである。

ペルシャとの交配が成功

世界的に知られる以前の第二次大戦中、絶滅の危機に直面した。そこでブリーダーたちは相手を選ばず交配を試みたが、その相手にペルシャも含まれていた。このペルシャとの交配が結果的に正解で、今のたくましく体力のある性質を得ることとなったのである。

映像業界では引っ張りだこ

ブリティッシュショートヘアーは穏やかで頭がよいため、映画やテレビCMなどにおける需要が高い。大きな鳴き声を出したり、いきなりぴょんぴょんとびはねたりしないので、訓練士としても扱いやすいのだ。

やっぱり本家はイギリス産

今や世界中に存在する品種だが、品評会に出されるような優秀な猫は現在でもイギリスが代表的な産地となっている。そのほか、ニュージーランドやオーストラリアにも優れた個体が多い。

丸くやさしい印象のお茶目な猫

バーミーズ　ヨーロピアンバーミーズ

Burmese, European Burmuse

長毛種 **短毛種**

全体の印象

　ビルマ（ミャンマー）原産の天然種とシャムの計画交配により誕生。初期の段階でアメリカからイギリスへも渡り、双方で異なる繁殖が行われたため、イギリスで発展した方はヨーロピアンバーミーズと呼ばれる。どちらのタイプもボディタイプはコンパクトなコビーだが、バーミーズよりヨーロピアンバーミーズの方がややほっそりとした印象。

性格

　バーミーズもヨーロピアンバーミーズもほぼ共通で、都会でも田舎でもすんなり受け入れる環境適応能力の高さがある。社交的で誰にでもよくなつき、持ち前の茶目っ気で人間をなごませてくれる。遊びが大好きなのも特徴で、飼い主がいなくても退屈せず遊んでいられる。

飼い方のポイント

　どんな場所でもすぐなじむので、屋内であれば環境面で注意することはほとんどない。毛の手入れは1日1回のブラッシングをしてあげればOK。

頭＆目＆耳

丸みのある頭の形をしている。鼻は横から見るとなだらかなカーブを描いている。耳は中くらいの大きさで離れて付き、先端は丸く、わずかに前方に傾いている。目は丸く大きい。

セーブル

●バーミーズ

ビルマ（ミャンマー）から持ち出した1匹のメス猫と、シールポイントのシャムとで交配した結果、生まれたのが現在のバーミーズの祖先。頭や目、体や足先など、全体的に丸みを帯びている。小さめの体型だが、意外と筋肉が発達している。

●ヨーロピアンバーミーズ

バーミーズをヨーロッパで改良して生まれたのがこの猫。CFAでは一猫種として公認されている。色は全11色とバーミーズより多彩で、V字型の頭やほっそりとした脚など全体的にスマートな印象である。

仔猫の性格&飼い方

お茶目な性格が顕著に現れるのは仔猫の頃。成猫になるにつれやや落ち着いてくる。見た目はほっそりしているが、意外と筋肉質なので、仔猫のときからよく運動させ、高タンパク、高カロリーの食事を与えること。

シャンパン

体型
コビータイプ。外見は小ぶりに見えるが、筋肉が発達していてずっしりと重い。胸元はしっかりしていて厚く丸みを帯びており、背中は肩から尾まで平らになっている。

毛
細く繊細で、短い毛が密集している。サテンのように滑らかな手触り。

四肢&尾
四肢はやや後ろ脚が長い。中くらいの長さで筋肉は発達している。足先は丸い。尾の長さは中くらいで、まっすぐのびている。付け根は太く先端は丸い。

Burmese 🐱 Variation

丸みのある優しい雰囲気と
飼い主にも従順でりこうだから
いつの間にかとりこに！

シャンパン（バーミーズ）

セーブル（バーミーズ）

ブルー（ヨーロピアンバーミーズ）

シャンパン
（バーミーズ）

Burmuse, European Burmuse's Profile

Data
種類 短毛種
原産地 ビルマ（現在のミャンマー）
ボディタイプ コビー
発生スタイル 人為的発生
カラー セーブル、シャンパン、ブルー、プラチナのみ（バーミーズ）、レッド、クリーム等ソリッドのほかトータシェル等全11色（ヨーロピアンバーミーズ）

異種間の選抜育種により作出

1930年、アメリカの精神科医であったJ・トンプソン博士がビルマ(ミャンマー)から1匹の美しいメス猫を持ち帰り、ウォンマウと名づけた。博士はまずシールポイントのシャムと交配させ、生まれた猫のうち母猫と同じ毛色の猫をもう一度母猫と交配させた。そこで生まれたセピア色の猫が、今のバーミーズの祖先である。

アメリカン&ヨーロピアン

計画繁殖はアメリカで始まり、イギリスへと広がった。だがイギリスには計画繁殖用の個体がおらず、再びシャムと交配。これによってアメリカとイギリス（ヨーロッパ）で2種のバーミーズが定着した。前者をアメリカンバーミーズと呼ぶこともある。

ヨーロピアンは毛色の種類が多い

バーミーズとヨーロピアンバーミーズの一番の違いは毛色。バーミーズのCFAでの公認色はセーブル、シャンパン、ブルー、プラチナの4色だが、ヨーロピアンバーミーズは、レッドやクリーム、トータシェルなど計11色もある。

穏やかに鳴く「慈悲深い猫」

バーミーズの鳴き声はとても静か。そのためアメリカでは「慈悲深い猫」という別名がある。

サバイバルには向かない

よく食べよく遊ぶので、十分な運動量と高タンパク、高カロリーの食事が大切。また、野性的な生存能力に欠けるため、できれば屋内で飼うこと。

銀色に輝く被毛はフランスの宝
シャルトリュー
Chartreux

長毛種 **短毛種**

全体の印象
フランスで長い歴史を持つ家猫。シルバーグレーの短めの被毛は、水を弾き、防水加工のような機能がある。その美しさから、被毛を取るために飼われていたこともある。毛質はやわらかで厚く、寒さによく耐える。広い肩幅と厚い胸板に対し、四肢は比較的短め。頑丈なあごとしっかりとした筋肉質な体を持ち、古来よりネズミ捕り用としても活躍してきた。

性格
素直で行儀がよく、人間の要求にも従順である。初めて会う人間に対しては人見知りすることがあるが、すぐになつく。また知性にも優れ、芸を覚えるのも早いのでキャットショーで披露されることも。

飼い方のポイント
飼い主の教えや家族のルールをすぐに把握し、きちんと守ることのできる賢い猫なので、特に手間はかからない。運動量がやや多めで、オスは体型も大きくなるので高タンパク、高カロリーの食事を与えること。

毛
やや短くて厚みがある。手触りはやわらかくて弾力性に富み、水をはじく性質を持つ。色は光沢のあるブルーグレーのみで、濃淡はさまざま。

尾
根元は厚く先端は先細りしている。中くらいの長さで、先端にはやや丸みがある。

体型
肩幅が広く、胸は厚みのあるたくましい体格。メスは中くらいの大きさだが、オスは大型。

ブルーグレー

仔猫の性格&飼い方

仔猫のときの瞳はそれほど澄んでいない。あごはシャープ。しかし成長するにつれ、瞳の色は輝きを増し、あごもがっしりとしてくる。毛が厚いので1日1回は動物の毛のブラシで優しく整えるとよい。

目
大きくて丸く、見開いている。色はゴールドやカッパーがあるが、深く澄んだオレンジ色が好まれる。

耳
中くらいの大きさ。頭の高い位置でまっすぐに立っている。先端は丸い。

頭
全体的に丸く、幅が広いが、球体ではない。ほおは大きく、あごがしっかりしている。顔の大きさの割にマズルが小さく、いつも微笑んでいるように見える。額の位置は高く、緩やかにカーブしている。

四肢
ボディの大きさと比べるとやや短い。骨格は細いが、筋肉が発達しているため力強い印象。足先は丸くて中くらいの大きさ。

Chartreux
Variation

ブルーグレー

ブルーグレー

Chartreux's Profile

Data

種類　短毛種
原産地　フランス
ボディタイプ　セミコビー
発生スタイル　人為的発生
カラー　ブルーグレー

古くから見られる人工品種

　1558年の文献において、すでにこの猫に関する記述が見られる。自然発生したのではなく人工的な交配によって生まれたと考えられているが、はっきりとわかっていない。第二次世界大戦後には絶滅しかけたことがある。

The Other Cats
そのほかの猫たち②

サバンナ
Savannah

　1980年代に、アメリカの猫愛好家が飼っていたアフリカンサーバルと、家猫との間に、1匹の仔猫が生まれた。この仔猫はサバンナと名付られ、野性味あふれる美しさから、交配をすすめるブリーダーがその後多くなる。そして2000年に、正式に品種として認められることになった。これが現在のサバンナである。

　美しい斑点模様と、しなやかな筋肉が発達した優雅な体型。ミニチュア版アフリカンサーバルとも呼べるほどワイルドな魅力で今後人気を呼びそうな品種だ。性格はとても人なつっこく、好奇心旺盛で、遊ぶことが大好き。たまに気が強いところが見え隠れする「小悪魔」のような猫である。

シルバースポッテッドタビー

ブラウンスポッテッドタビー

ブラウンスポッテッドタビー

縮れ毛をもつスレンダーな美猫
コーニッシュレックス
Cornish Rex

長毛種　**短毛種**

全体の印象
細くやわらかな縮れ毛を身にまとった突然変異種。顔の大きさのわりに耳が非常に大きいことも特徴の一つである。スッとのびたローマンノーズの鼻は洗練された都会的な印象を与える。体型は全体的にとてもスリムで長く、すらっとしていて、たとえるならモデル体型である。大きさは小型から中型だが、筋肉がしっかりと硬く発達していて体重は重い。

性格
強い好奇心の持ち主で、周りの騒音にまで興味を示すほどである。人間になつきやすいので、自分から近寄って膝に乗るなど、コミュニケーションを楽しもうとする。飼い主にまとわりつくように寄ってくるさまは文字どおりの甘えん坊だ。

飼い方のポイント
短い縮れ毛は屋外の湿気や寒さに打ち勝てない。この猫は部屋の中で飼うのが基本である。また、運動量が多いので自由に動けるスペースをなるべく広く確保すること。

体型
ほっそりしているが、硬い筋肉で覆われているため、しなやか。胸元は厚く、背中は緩やかなカーブを描いている。

毛
全体的に短く、体に沿って縮れている。特に背の部分やあごの下側、胸と腹の毛はよくカールしている。毛質は細くやわらかで、シルクのような手触り。

尾
先端にいくほど先細りで、すらりと細い。長めでしなやかに動く。

仔猫の性格&飼い方

好奇心が強く、遊び好きなのは仔猫のときから変わらない。細くやわらかな被毛には下毛がないため、冬場はなるべく外に出さないほうがよい。毛が弱いのでブラッシングは控え、なでて抜け毛を取るくらいでよい。

耳

とても大きく、根元は豊かに広がり、先端は丸い。頭部のやや高い場所から生えている。

頭

正面から見ても横から見ても緩やかな卵型で、後頭部は丸い。鼻は高く、横から見ると、あごのラインへまっすぐにつながっている。ほお骨は高く突出していて、彫りが深い。マズルは丸く幅が狭い。

レッドマッカレルタビー&ホワイト

目

中くらいの大きさで、卵型。ややつり上がっていて、目と目は離れている。しっかりと色付き、澄んでいて、毛の色と調和している。

四肢

長くほっそりしている。ももや臀部は筋肉質で引き締まっていて、ボディやほかの部位とのバランスが取れている。

Cornish Rex
Variation

ブルー

姿に似合わず
意外とお茶目で
好奇心旺盛

キャリコ

ブラックスモーク&ホワイト

レッドマッカレルタビー

Cornish Rex's Profile

名前は地名と見た目に由来

コーニッシュレックスという名前は、故郷であるコーンウォールの「コーン」と、似たような被毛を持つウサギの「レックス」から取られたものである。

母猫との交配で繁殖がスタート

成猫となったカリバンカーを母猫と再交配すると、再び縮れ毛で覆われた仔猫が生まれてきた。何度もの交配によって、この縮れ毛が劣性遺伝であること、つまり父猫と母猫がともに縮れ毛の遺伝子を持っていなければ、確実に縮れ毛の仔猫を生むことはできないということが明らかになった。

いくら食べても太らない？

スリムな体型を維持できるのは、代謝機能が発達しているから。食べ過ぎても余分な脂肪は燃焼してしまうので、肥満にならずに済むのである。ただし、年齢とともに代謝機能は低下。生涯を通じてスリムというわけではない。

抜け毛の手入れは簡単

短く縮れた被毛のせいか、抜け毛の心配がないと思われがちだが、決してゼロではない（抜けても目に見えにくい）。とはいえ、ほかの品種より抜け毛は少なく、手でなでるくらいのグルーミングで事足りる。

Data

種類　短毛種
原産地　イギリス
ボディタイプ　オリエンタル
発生スタイル　突然変異的発生
カラー　ブラック、ブルー等ソリッドのほか、タビーパターン、キャリコ等多数

短毛種に混じって生まれた変異種

1950年、イングランドで最も南西に位置するコーンウォール州のある家で、一般的な短毛種の母猫から突然変異的に頭からボディ、尾まで全身の毛が縮れた仔猫が生まれた。レッド＆ホワイトの毛色をしたそのオス猫はカリバンカーと名づけられ、のちにコーニッシュレックスの祖先となった。

繊細なカーリーヘアーが印象的
デボンレックス
Devon Rex

長毛種 **短毛種**

全体の印象
イギリス生まれの突然変異種で、コーニッシュレックスに似た縮れ毛と細い体を持つ。マズルが短く、小顔な顔立ちにはっきりした卵型の目が輝き、愛嬌たっぷりの表情を見せる。耳は非常に大きく、やや低い位置にある。脚がとても長いため、ボディの位置は高い。被毛はスエードのようにしっとりとした感触で、コーニッシュレックスよりも縮れ具合が弱い。

性格
動き回るのが好きなので一人でも機嫌よく遊ぶが、もちろんかまってあげても喜ぶ。うれしいときは犬がするようにしっぽを振ることもあり、感情表現は豊かな方。鳴き声は静かなので、集合住宅でも近隣に迷惑をかけることは少ない。

飼い方のポイント
飼い主によく従うので飼いやすい猫だが、魅力の一つであるスリムなボディシェイプをキープするためには、食事を与え過ぎないよう量に気をつけるとよい。

目
大きく卵型で、離れて付いている。目の色はさまざまな種類がある。

頭
幅が広く、縦長のくさび型。ほお骨は豊かに発達していて、ほおはふっくらしている。横から見ると額はカーブを描いているが、頭頂部は平らになっている。下あごはよく発達している。

四肢
長くほっそりしていて、特に後ろ脚の方が長い。足先は小さく、卵型。

仔猫の性格＆飼い方

人なつっこく好奇心旺盛。仔猫の頃からあまりブラッシングしないほうが巻き毛を保てる。特にシャンプーのあと、ドライヤーをあて過ぎるとカールがとれてしまうので注意。冬場は防寒対策をしっかり行うこと。

耳
頭に比べてコウモリのように大きい。根元は幅広く、頭部の低い位置に生えている。先端は細く、短い飾り毛が生えていることもある。

毛
とても短く、密集して生えている。毛のウェーブはコーニッシュレックスよりはきつくなく、一部の毛は盛り上がって生えている。スエードのような繊細で滑らかな手触り。

尾
長くほっそりしている。周りは短い毛で覆われている。

体型
長さは中くらい。胸部が広く、筋肉が発達していてスマートな印象。

チョコレートトーティー＆ホワイト

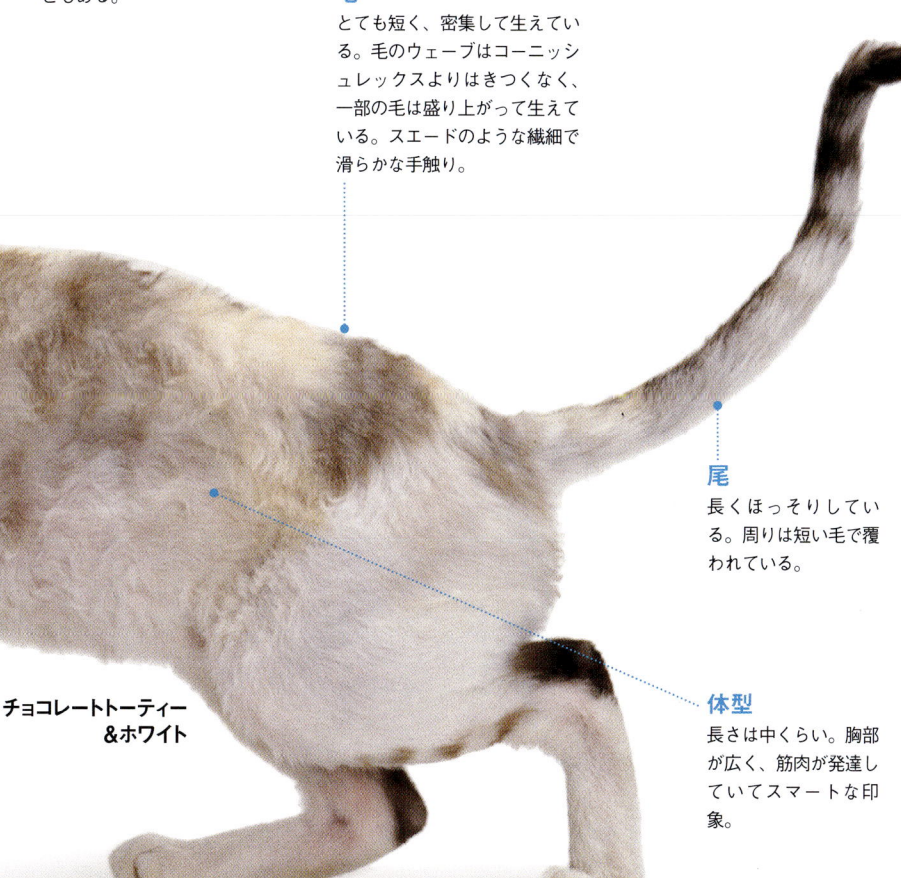

Devon Rex Variation 🐱

くるくると表情を変える
大きな瞳が
とっても愛らしい！

ブラック

レッドマッカレルタビー＆ホワイト

チョコレート

シルバーマッカレルタビー

Devon Rex's Profile

Data
種類　短毛種
原産地　イギリス
ボディタイプ　セミフォーリン
発生スタイル　突然変異的発生
カラー　レッド、ブラック等ソリッドのほか、タビーパターン等多数

コーニッシュとの交配は失敗

　デボンレックスの誕生はコーニッシュレックスと似ており、1959年、イングランド南西部のデボン州で、直毛どうしの親猫から突然変異的に生まれた仔猫が種の始まり。その当時、コーニッシュレックスとの交配による種の確立が期待されたが、生まれてきた仔猫は直毛で、お互いに異なる劣性遺伝であることが判明した。

戻り交配によって生まれる

　ブリティッシュショートヘアー、アメリカンショートヘアー、バーミーズ、ペルシャなどと交配されたがよい結果は得られず、アビシニアンやコラットなどとの異種交配が主流となった。この場合も、生まれた仔猫を親のデボンレックスに戻して交配させなければデボンレックスにはならない。

被毛の断熱性は低い

　同じ個体でも成長するにつれてほとんどの毛が生え替わったり、また成猫でも季節によって状態が変わったりする。ほかの種に比べて毛が軽く、断熱効果が低いため、家電製品の上など暖かいところを好んで居場所にする。

スエードを思わせる手ざわり

　一見すると被毛はコーニッシュレックスによく似ているが同じではない。コーニッシュレックスの被毛はシルクにたとえられるが、それに対してデボンレックスはスエードのような感触と表現されることが多い。

手入れが楽で飼いやすい

　従順で物静かな性格なので、ペットとして室内で飼うのにとても適している。大きな耳をときどき掃除し、たまに体をシャンプーする程度でよい。

自然の斑点をもつエジプトの守り神
エジプシャンマウ
Egyptian Mau

長毛種 **短毛種**

全体の印象
スポッテッドタビーを持つ品種はほかにもあるが、自然発生した唯一の種がこのエジプシャンマウ。被毛は短く、すべすべと滑らかな手触りである。アーモンド型の大きな瞳、そしてくさび型の頭と、なんとも愛らしいルックスを持っている。ボディは全体的に無駄なく筋肉がついており、理想的な体格をしている。

性格
一言で表せば、落ち着いた性格ということになる。飼い主にまとわりつくよりは一匹でいることを好み、初対面の人には人見知りもする。ただ慣れるとよくなつく。仔猫の面倒をよくみる優しさも、エジプシャンマウの特徴の一つである。

飼い方のポイント
狭い場所にいても機嫌を悪くしないが、大きな物音などには敏感に反応して驚くので注意する。美しいスポットを維持するには、1日1回ブラッシングをして抜け毛を取り除いてあげることが大切。

目
大きなアーモンド型で機敏に動く。目の色は、成長するにつれ淡いグリーンに変わる。

四肢
ボディと釣り合いが取れた長さ。骨格は中くらいの太さで、筋肉は発達している。足先は華奢で、立っているとつま先立ちしているように見える。

耳
中くらいから大きめで、頭の前方に付いている。付け根は広く、先端は丸くなっている。耳と耳の間隔は広く、まっすぐにピンと立っている。

頭
中くらいの大きさで、少し丸みを帯びたくさび型。横から見ると、額から鼻にかけて緩やかなカーブを描いている。ほお骨は張っていない。

尾
根元は太く、先端はやや先細りしている。全体に縞模様がある。

毛
どの毛色にも、規則的に丸い斑点が見られる。長さは中くらいで、皮膚に密着して生えている。つややかで絹のように繊細な肌触りである。

体型
中型のセミフォーリンタイプ。わき腹から膝にかけて、皮膚が垂れ下がっているのが特徴。しなやかで筋肉が発達している優美な体つきである。

ブロンズ

仔猫の性格&飼い方
野性的な外見に似合わず、おとなしいので、仔猫のときも手間はかからない。ただし、一度怒ると落ち着くまで時間がかかるので、そういうときはきちんと叱ることが大切。ブラッシングは1日1回を目安に行う。

Egyptian Mau Variation

スモーク

ブロンズ

シルバー

美しい斑点模様は
人為が加えられていない
自然のもの

シルバー

Egyptian Mau's Profile

壁画だけでなくミイラも現存

　古代エジプトで崇拝の対象だった猫は、法律で存在が守られているばかりか、死ぬとミイラとして保存され、人々は喪に服した。後世になって猫のミイラが発掘されたが、それらの骨格はエジプシャンマウによく似ており、種のルーツを示す資料の一つとなっている。

戦後になって欧米圏へ

　エジプシャンマウが欧米圏で知られるようになったきっかけは、亡命中のロシア王女が1953年にエジプシャンマウを手に入れ、猫ともども1956年にアメリカに移住したこと。CFAのチャンピオンシップを獲得したのは、それからおよそ20年後の1977年である。

走る速さは家猫でトップクラス

　原始的なマウに比べると、目に宿る野性味はなくなっているが、時速30マイル（48キロ。家猫の走る速さとしては最速）で走ることができるといわれる。身体能力の高さは健在である。

ショーでは色の条件がある

　認められている毛色はシルバー、ブロンズ、スモークの3種。そのほか、この3色をそれぞれ薄くした毛色も存在するが、ショーへの出陳が可能なのは前述した3色だけである。

Data

種類　短毛種
原産地　　エジプト
ボディタイプ　セミフォーリン
発生スタイル　自然発生
カラー　　シルバー、ブロンズ、スモークのスポッテッドパターンのみ

その歴史は紀元前数千年とも

　マウとはエジプト語で「猫」という意味だが、猫の鳴き声からきているともいわれている。名前のとおり、エジプト生まれの猫である。古代エジプトの壁画に、この種と思われる猫が描かれており、紀元前数千年という太古の時代から人間とともに暮らし、長い年月に渡って人間に崇拝されていたのではないかと考えられている。

絹のような栗色の毛の持ち主

ハバナブラウン

Havana Brown

長毛種 / **短毛種**

全体の印象

慎重な計画交配によって生まれた人工種。ピカピカと光沢のある美しいマホガニーブラウンの被毛は、人為的に作り出されたものである。体におけるおもな特徴は、口元がぷっくりと突き出ていることと、ヒゲの生えているところとほおの間にはっきりした窪みがあること。全体的に適度に筋肉が付いており、非常にバランスの取れた体型である。

性格

好奇心が強く、活動的なので何にでも興味を示す。人間を驚かすなどやんちゃな一面も持っている。その一方で、「飼い主がいつも自分のことを思ってくれる」ということを望んでいる甘えん坊でもあり、飼い主が気にかけないでいると機嫌を損ねてしまう。

飼い方のポイント

高い場所に上るのが好きなので、できればキャットツリーなどを用意したい。被毛のつやを維持するには、両手で丁寧にマッサージしてあげたり、シャンプーしてあげたりするとよい。

尾
中ぐらいの長さで、付け根は太すぎず、体とのバランスが取れている。全体的にほっそりとしているが、ムチのようではない。

体型
引き締まった筋肉が発達したセミフォーリンタイプ。骨格が太く大きい。首の長さは中くらいで、背中は水平に伸びている。

毛
硬く光沢のある毛質で、体に沿うようにして生えている。毛は短いが、十分な厚みがあるので、雨やけがなどから身を守る。

仔猫の性格＆飼い方

シャムに似てとても陽気で活発。甘えん坊なので、常に気を配ってもらうことに喜びを感じる。とはいえ甘やかし過ぎは禁物だ。被毛は、ブラッシングのあとに毛の流れに沿ってセーム革でなでるとつやが出る。

耳
大きく先端が丸い。両耳は離れているが、外側には広がっておらず、やや前に傾いている。

頭
やや縦長で、丸みを帯びた三角形。前から見るとマズルが四角く見える。あごがしっかりとしていて、毛がまばらに生えている。

目
中くらいの大きさの卵型で、ややつり上がっている。機敏によく動き、表情豊か。色は深くて鮮明なグリーンがよい。

四肢
体の大きさに比べてすらりと長くまっすぐである。筋肉質で、その傾向はメスよりオスの方が著しい。後ろ脚は前脚よりやや長い。

ブラウン

Havana Brown
Variation

ブラウン

ブラウン

ブラウン

光をまといながら輝く
チョコレート色の被毛は
ため息が出るほど美しい

Havana Brown's Profile

Data
種類　短毛種
原産地　イギリス
ボディタイプ　セミフォーリン
発生スタイル　人為的発生
カラー　ブラウンのみ

シャムと混血シャムの交配から

　チョコレート色の古代シャムと、シャムの血が入ったブラックの猫との交配で生まれた。これは1950年代の初頭に、イギリスの数人のブリーダーによって行われたものである。

名前の由来は高級葉巻?

　ハバナブラウンという名前の由来にはおもに二つの説がある。有力なのは、葉巻の最高級品として知られるハバナシガーに毛色が似ているから、というもの。もう一つは、やはり毛色がウサギのハバナ種に似ていることにちなんだという説だが、ウサギの方もハバナシガーに由来するといわれている。

繁殖が安定したのは近年のこと

　1950年代の半ばに、ハバナブラウンはイギリスからアメリカへ輸出され、CFAで認可されたのは1959年のこと。やがて1974年の異種交配禁止から20年以上経った1998年から1999年にかけて、いくつかの種との交配が承認され、繁殖プログラムはようやく成功と呼べる結果を得られた。

ハバナとハバナブラウンの違い

　アメリカでは輸入当初からハバナブラウンという名前を種の姿とともに守る傾向にある。反対に原産国であるイギリスでは、チョコレートのほかフロスト(ライラック)というグレーに近い毛色が認定されたことで、"ブラウン"という語を取って単にハバナと呼ばれるようになっている。

成長とともに消えるタビー

　成猫のハバナブラウンは光沢のあるブラウン一色の毛を身にまとうが、生まれてからしばらくの間は被毛に薄いタビー模様がある。このタビーは年を経るにつれて消えていく。

丸い尾がなんとも愛らしい
ジャパニーズボブテイル ショートヘアー／ロングヘアー
Japanese Bobtail Shorthair, Longhair 〔長毛種〕〔短毛種〕

全体の印象
古くから日本に生息しており、家猫として飼われていたため、日本人には最も親しみのある品種といえる。特徴はまるでウサギのようなポンポン状の丸い尾。くるりと巻き込まれているこの尾は全長10センチくらいあるが、見えている部分は約5センチ。くつろいでリラックスしているときはお尻の上に持ち上げられ、"ごぼう尻"と呼ばれることもある。

性格
名前を呼ばれると愛嬌たっぷりの表情ある鳴き声で返事をする。優しさと賢さを備え子どもの遊び相手にもふさわしく、その性格のよさには定評がある。また家族思いで優しく、仔猫が成長してからもいつまでも面倒を見ようとするほど。

飼い方のポイント
ほかの猫に比べると抜け毛はとても少ないが、気になる場合はブラッシングまたは濡れた手で毛を逆立てたあと、乾くまでマッサージをすると、抜け毛が散ることはほとんどなくなる。

●ジャパニーズボブテイル ショートヘアー（S）
日本ではとくにめずらしくない猫にアメリカ人が注目して繁殖された猫。ポンポンのような丸い尾が特徴的。中くらいの大きさで、鼻が長く、卵型の目は、やや離れて付いている。被毛はやわらかく、下毛は少なめ。

頭＆目＆耳
頭は緩やかなカーブを描いた逆正三角形。鼻は長く、目の下くらいになだらかな窪みがある。マズルはやや広がっていて丸い。耳は大きく、表情豊かに立っている。目は大きく、横から見るとはっきりとつり上がった卵型。

四肢
体とのバランスがとれた長さ。見た目はほっそりしているが、筋肉がほどよく付いているので、弱々しい感じはしない。前脚よりも後ろ脚の方が長いが、後ろ脚が深く折り曲がっているので、通常では水平を保っている。

ブラック&ホワイト

仔猫の性格&飼い方

仔猫の頃から、優しく愛嬌がある。聞き分けもよく、あまりいたずらをしないのも人気の理由だ。えさの与え過ぎに気をつけ、ブラッシングは1日に1回、シャンプーは1カ月に1回程度行えばよい。

●ジャパニーズボブテイル
ロングヘアー（L）

くるんとした丸い尾がより強調されるような、長くてやわらかい被毛が特徴のロングヘアーは、まだまだ新しい猫なので、希少な存在である。日本的な顔つきはそのままで、ショートヘアーよりもむくむくとした印象。

ミケ（キャリコ）

体型&尾
中型で細長い胴体だが筋肉が発達しているためしなやかで優雅。尾はウサギのように短い尾がくるりと巻き込まれている。尾を触ってみると、しっかりと骨の存在を確認できる。

毛
中くらいの長さでやわらかく、シルクのような手触り。下毛は少なく、流れるような毛並みが特徴である。

> Japanese Bobtail
> **Variation**

レッドマッカレルタビー (S)

ブラック&ホワイト (S)

ブラック&ホワイト (S)

ミケ（キャリコ）((L))

昔から日本人とともに
生活してきた
素朴なたくましさが残る

Japanese Bobtail's Profile

Data

種類　短毛種／長毛種
原産地　日本
ボディタイプ　フォーリン
発生スタイル　自然発生
カラー　ホワイト等ソリッドのほかミケ（キャリコ）等多数

1000年以上前に大陸から渡来

日本が原産地だが、1000年以上前に海を越えて中国から日本にきたと考えられる。ちなみに招き猫のモデルになっているのもこの猫である。

"猫かわいがり"の弊害も？

8世紀の半ばに書かれた書物に、ネズミ捕りの役目を果たす動物として登場する。やがて猫を飼うことは上流階級のたしなみとなったが、一時は猫に首輪をつけてつないで飼うほど大事にしすぎたため、ネズミの被害が拡大。江戸時代には幕府から「猫を放し飼いにしなさい」との命令が出たという話も残っている。

アメリカでもすぐ人気者に

この種がアメリカへ渡ったのは、1968年のこと。それまで長く日本でこのボブテイルを飼っていたアメリカ人ブリーダーが、メスとオスの1組を母国に送ったのが最初である。2年後の1970年には早くも愛好会が作られ、翌1971年にCFAで暫定的に認定、1976年にはチャンピオンシップを獲得した。

基礎体力がとても高い品種

ほかの種に比べて、この猫はかなりの健康優良児。生まれる仔猫のサイズはやや大きめで、歩行など活動を開始する時期も早く、病気に強いので仔猫の死亡率も低い。

手間いらずで飼いやすい

1000年以上も飼われてきたことからわかるように、非常に飼いやすい猫である。人見知りせず、人間だけでなくほかの動物ともトラブルを起こさない。グルーミングは抜け毛を取るくらいでよく、手間いらずである。

野性味を帯びた外見と丸い尾が特徴
アメリカンボブテイル ショートヘアー ロングヘアー

American Bobtail Shorthair, Longhair 　長毛種　短毛種

全体の印象

アーモンド型の大きな目や力強さのあるがっしりした下あごなど野性味を残すルックスと、そこからはあまり連想できない穏やかな性格で人気の高い品種。ショートヘアーでも全体的に被毛は長めで、最も印象的な尾の部分は一番毛が長い。尾は短いが、その長さは猫により差がある。毛質は少し硬く、ダブルコート。耳の先にはリンクスティップと呼ばれる飾り毛がある。体格は肩幅が広く、たくましく筋肉がついている。

性格

優しさが一番の特徴で、子供から大人まで誰からも愛される。普段はおとなしくしているが遊ぶのは好きなので、子供にもなつきやすい。

飼い方のポイント

運動量はほかの種より多いので、上下運動などでしっかり遊んであげるとよい。ただし光り物への興味が強いので貴金属類の保管場所には注意が必要。毛はもつれにくく、1日1回ブラッシングをすれば事足りる。

●アメリカンボブテイルショートヘアー（S）

中くらいのボディで、生まれつき尾の短い猫。ジャパニーズボブテイルとは関係がない。しっかりとしたあごを持つ頭部は幅があり、アーモンド型の大きな目、地面をはうような歩き方など、野性的な出で立ち。成猫になるまで2～3年かかる。

毛
非常に耐水性があり、濡れてもすぐ乾く。羽毛のようにやわらかいアンダーコートと、硬いオーバーコートに覆われている。なでるとほどよい弾力がある。

四肢
しっかりとした骨格で、体とのバランスが取れた長さを持つ。足先は大きく丸みを帯びている。前脚に比べ後ろ脚の方がやや長めである。

ブルーリンクスポイント

●アメリカンボブテイル ロングヘアー（L）

アメリカでもまだまだめずらしい品種。野生猫のようにワイルドな印象。被毛は厚めで、固く粗いオーバーコートが立つように生えている。長毛種の被毛も耐水性がある。

頭＆目＆耳

頭はやや横に幅広い修正くさび型。ほお骨はやや盛り上がり、マズルは中くらいの大きさ。目は大きいアーモンド型。耳は中くらいの大きさで、根元は幅広く、先端はやや丸みを帯びている。

> ### 仔猫の性格＆飼い方
> 好奇心が強く、人なつっこい性格で誰からも愛される存在。仔猫のときからある程度広い場所で遊ばせることが大切。もつれにくい毛質なので、手入れが簡単。毛がベタついてきたらシャンプーをするとよい。

シルバースポッテッドタビー

体型＆尾

やや横長の長方形。胸は幅広く、腰やわき腹に厚みがあり、肩甲骨が盛り上がった筋肉質な体型。最も特徴的な尾はとても短く、わずかにカーブを描いていて表情豊かである。

American Bobtail Variation

ワイルドな印象だけど
性格は穏やかでやさしく
飼いやすい猫種

ブラック (L)

ブラウンスポッテッドタビー (S)

ブラウンスポッテッドタビー (L)

American Bobtail's Profile

近年公認されたニューカマー

この種を知っているブリーダーはすでに多くいたが、CFA の認定が 2000 年、TICA が 1989 年と、世界的に広く知られるようになったのは近年のこと。最も新しく公認された血統の一つだ。

尾の長さはまちまち

ボブテイルという名のとおり、一番の特徴はその丸い（短い）尾である。丸く見えるのは、尾の被毛がほかの部分より長いため。また尾の長さには個体によって差があり、平均値も 2.5 〜 10 センチと幅がある。

人間の悩みを感じ取る猫

環境への適応能力が高く、またとてもりこうなので、心理療法の場で用いられることもある。それはこの猫が、子供から高齢者までどの世代の人間ともコミュニケーションが取れて、さらには人間が悩んでいることを敏感に察知できるからである。

長距離運転の優れたパートナー

アメリカの長距離トラック運転手は、長い一人旅の相方としてこの猫を飼うことが多いという。人間によくなつくだけでなく、"移動" への抵抗がほとんどない性格なので、助手席に座らせるにはベストな猫種なのである。

Data

種類　短毛種／長毛種
原産地　アメリカ
ボディタイプ　ロング アンド サブスタンシャル
発生スタイル　人為的発生
カラー　ブラック等のソリッドのほか、ポイントカラー、スポッテッドパターン等多数

旅行中のブリーダーが発見

1960 年代にアリゾナ州を旅していたある夫婦が、縞模様のある尾の丸いオス猫を見つけた。二人はともにブリーダーだったため、この猫を持ち帰り、飼っていたシャムと交配。その仔猫たちはすべて丸い尾を持っており、そこから計画繁殖がスタートした。

ブルーの美しい被毛をもつタイの幸福猫
コラット
Korat

長毛種 **短毛種**

全体の印象

タイで幸運のシンボルとして古くから愛されている品種。被毛の色は輝きを放つブルーの1種類のみで、ブルーにほかの色が混じるということもない。ただ足先はシルバーを帯び、美しいアクセントとなっている。シルクを思わせる滑らかな手触りもコラットの魅力である。体の大きさは中くらいだが、筋肉は発達している。大きく見開かれた目はペリドットグリーンである。

性格

見た目からは無邪気な印象を受けるが、かまってあげないとすねてしまうなど、意外に寂しがり屋でマイペースなところがある。また、自分のエリア（縄張り）に関しては神経質になる一面もみられる。

飼い方のポイント

運動量は平均程度で、それほど気難しいところもなく、特に注意が必要なことはない。愛情を込めて体を丁寧になでてあげれば、それによって美しい被毛のつやが増していく。

目
顔に比べて大きめ。目と目は離れていて、横から見るとわずかに出っ張っている。目の色は深みのあるグリーン。

頭
前から見るとハート型をしている。眉に隆起があり、あごの線と合わせると二重のハート型に見える。あごはよく発達していて、四角でもなく尖ってもいない。マズルもハート型。

耳
頭部の高い位置に付き、付け根は大きく広がっている。先端は丸くなっていて、まばらに外側に毛が生えている。

体型
中くらいの大きさ。背中は緩やかなカーブを描いている。全体的に筋肉質で、見た目よりもずっしりしている。オスはメスよりも大きい。

仔猫の性格&飼い方

仔猫のときには、最大の特徴の澄んだ瞳と光沢のあるブルーの毛質は見られない。グルーミングは毎日1回のブラッシングまたは、濡れた手で逆毛を立ててからなでると、抜け毛が簡単に取れる。

尾
長さは中くらいで、付け根は太く、先端は丸くなっている。

ブルー

毛
細くてつやがある毛質。アンダーコートは少なく、体に沿って生えている。色はブルーの1色のみ。

四肢
ボディと釣り合いが取れた長さ。後ろ脚より前脚の方がやや長い。足先は卵型。

Korat
Variation

ブルー

ブルー

Korat's Profile Data

種類　短毛種
原産地　タイ
ボディタイプ　セミコビー
発生スタイル　自然発生
カラー　ブルーのみ

20世紀後半に世界で公認

　1896年にイギリスでショーに出陳されたものの注目されず、1959年にようやくアメリカへと渡る。1966年にCFAのチャンピオンシップを獲得、3年後の1969年にはどこの団体でも公認されるようになった。

The Other Cats
そのほかの猫たち ③

スノーシュー
Snowshoe

2色のアメリカンショートヘアーと、シャムの交配によって生まれたスノーシューは、その名のとおり、雪のように白い靴下をはいているような足先が一番の特徴だ。体型はセミフォーリンで、筋肉はよく引き締まり、全体的にバランスがとれていて、大きく見開くブルーの目はシャムを彷彿とさせる。被毛は滑らかで極上の手触りだ。

性格は一言でいえば甘えん坊で、一人でいるのが大嫌い。活発で明瞭な性格なので、子供のよき遊び相手になってくれる。またグルーミングも、ときどき軽くなでて抜け毛を抜いてあげるくらいで十分。飼い猫としてはとても理想的な猫だ。

シールポイント＆ホワイト

ブルーポイント＆ホワイト

シールポイント＆ホワイト

カーリーヘアーの触り心地はやみつきに！

ラパーマ ロングヘアー／ショートヘアー

The LaPerm Longhair, Shorthair　　長毛種　短毛種

全体の印象

突然変異で生まれた子猫が祖である種。被毛は長く、ソバージュに似たカーリーヘアーで、ふさふさとした触り心地はシルクを思わせる。いつまでもなでていたいその感触の虜になる飼い主も少なくない。体型はセミフォーリンタイプなので決して大型ではないが、筋肉は十分に発達しているので、実際に抱いてみると見た目よりも重いことがわかる。

性格

遊び好きで活動的なところもあるが、飼い主を困らせない物静かな一面も合わせ持っている。全体的には穏やかな性格であり、お気に入りの場所や飼い主の膝の上でじっとして過ごしていることが多い。

飼い方のポイント

膝の上でかわいがるタイプの猫ではあるが、もちろん適度に運動させてあげることが大切である。とはいえ遊び道具がなくても階段の上り下りなどで体を動かしてあげれば十分だ。自慢のカーリーヘアーは月1回ほどシャンプーを。

毛

首から胴体にかけて立ち上がるようにカールしている。耳と尾の付け根が最もきつくカールしている。手触りは軽やかで弾力がある。

体型＆尾

体型はセミフォーリンでほどよく筋肉が発達している。一般的に、メスはオスよりも小さい。尾は体との釣り合いがとれた長さで、先端はやや先細りしている。

四肢

体の長さとのバランスが取れた中くらいの長さ。ほっそりしていて、全体的に丸みを帯びている。後ろ脚よりも前脚の方がやや長い。

●ラパーマショートヘアー (S)

ロングヘアーよりも手触りがよい。最もカールが強い部分はのどや耳の付け根あたり。子猫のときは、ストレートでも、成長するにしたがってカールが現れる。毎日手入れをしなくてもよく、とても飼いやすい。

ホワイト

頭&目&耳

丸みを帯びたくさび型。マズルは幅広く、丸い。ややつり上がり気味のアーモンド型の目は、離れて付いている。耳は中くらいの大きさのカップ状で、やや横に広がって付いている。

●ラパーマロングヘアー (L)

絹のようにやわらかなソバージュヘアーが特徴。カールのパターンはらせん状からソバージュのような細かい目のものまで、自在に作ることができ、被毛の色と模様のバリエーションも豊富だ。被毛はたんぽぽの綿毛のように立ち上がって生えている。

ブルーマッカレルタビー

仔猫の性格&飼い方

遊び好きだが、内面は穏やかなので手がかからない。生まれたばかりの仔猫にはあまり毛は生えていないが、生後1年ほどで強いカールの毛が生えてくる。目の粗い専用コームなどでとくとカールが持続する。

The LaPerm Variation

もこもことした独特の雰囲気と
飼い主に従順な性格の
魅力にあふれた希少な猫

レッド&ホワイト (S)

ブルーマッカレルタビー (L)

チョコレートトーティーポイント (S)

シールトーティーリンクスポイント (S)

The LaPerm's Profile

Data
種類 長毛種／短毛種
原産地 アメリカ
ボディタイプ セミフォーリン
発生スタイル 突然変異的発生
カラー ソリッドのほか、トータシェル、タビーパターン等多数

オレゴン生まれの変異種

突然変異で生まれたラパーマは、起源が明確に判明している。オレゴン州の農家で1982年に生まれた6匹の仔猫のうち、1匹だけ無毛の仔猫がいた。その仔猫は親とも兄弟ともまったく似ておらず、生後7週目で縮れた毛が生え出したのだ。その仔猫はカーリーと名づけられ、やがてラパーマ種の祖先となった。

縮れ毛にちなんで飼い主が命名

カーリーの飼い主はブリーダーではなく普通の農家だったので、今までどおりに飼育していた。やがて、カーリーのように無毛で生まれてくる仔猫が多くなってくると、ブリーディングを開始。ラパーマという品種名をつけたのも、この新人ブリーダーである。

一時的に直毛になることも

すべての仔猫が無毛ということはなく、短い縮れ毛や直毛が生えていることも。生まれたとき縮れ毛が生えていて、途中で直毛になって再び縮れ毛に戻るケースもある。

自慢の縮れ毛は最高のなで心地

被毛をなでたときの感触は飼い主にとって重要なポイントの一つだが、その点でラパーマは群を抜いて優れている。とくに短毛のラパーマの被毛は、「一度なで始めると、もう止められない」といわれるほどである。

膝の上で甘えるのが好き

四六時中じっとしているわけではないものの、基本的には膝の上でかわいがるタイプの猫。遊んでいるところを抱き上げて膝に乗せても、何ら抵抗なく甘えてくる。人間とのスキンシップを好むのもラパーマの性質である。

どっしりと構えた貫禄ある風貌

メインクーン
Maine Coon

長毛種 短毛種

全体の印象
アライグマを思わせる野性的なルックスを持つ。血統猫としては最も大きなサイズの部類に入り、四肢はがっしりとしていて肩幅は広く、とてもたくましい。また非常に長い胴体も特徴の一つとなっている。チャームポイントである大きな目は少し傾斜している。マズルは張っていて、四角い顔の印象を与える。被毛はほかの猫には見られないシャギー（ふぞろい）で、豊かな厚みがあり、シルクのように滑らかな感触である。

性格
基本的にとても優しくて、温厚である。人間やほかの動物との協調性もあるので、小さな子供がいたり猫以外にペットがいたりしても飼いやすく、ゆえに人気が高い。

飼い方のポイント
大型の猫なので、高タンパク、高カロリーの食事を心がける。また、毛のもつれが多いので、朝と夜の1日2回のブラッシングとコーミングは必ず行うこと。

目
大きく、やや後ろにつり上がった卵型。目と目の間隔はやや離れている。

シルバーパッチドタビー

四肢
長さは中くらい。付け根から筋肉がよく発達していて、まっすぐにのびている。足先は大きくて丸い。

頭
中ぐらいの大きさで、幅より長さがある三角形。額はやや広く、横から見るとカーブしている。ほお骨は高く、マズルは四角くなっている。

耳
大きく、根元が広がっている。頭部の高い位置に、耳一つ分ほど離れて付いている。耳の先端には飾り毛が、耳の内側には額と水平に伸びた毛が生えている。

毛
長さはふぞろいで肩の部分は短く、背中から後ろにいくほど長くなる。のどの辺りや腹部、臀部は毛が充実している。ふさふさとしていて手触りは絹のよう。

仔猫の性格&飼い方
仔猫のときからがっしりとした体型で、よく遊ぶ。栄養価の高い食事を与え、運動も十分にさせること。毛が密集して生え始めたら、1日2回は金グシで整える。毛が油っぽいので1カ月に2回はシャンプーをする。

体型
胸元が広く、首元もしっかりしていて、筋肉が発達した長方形をしている。骨格も太くしっかりしていて、全体的に力強い印象である。

尾
長く、ふわふわとした毛が垂れ下がりながら生えている。根元は幅広く、先端は先細りになっている。

Maine Coon Variation

レッドクラシックタビー&ホワイト

強くたくましい風貌で
かつ穏和で親しみやすい
アメリカ・メイン州の人気者

ブルースモーク&ホワイト

ブラウンタビー&ホワイト

レッドマッカレルタビー&ホワイト

ブラック

Maine Coon's Profile

Data

種類　長毛種
原産地　アメリカ
ボディタイプ　ロング アンド サブスタンシャル
発生スタイル　自然発生
カラー　ブラック、ホワイト等ソリッドのほか、タビーパターン等多数

開拓時代を生きぬいた強さ

　アメリカの最東端、メイン州で生まれたとされる。優れた狩り能力により開拓農場でネズミ捕り用の猫として活躍し、厳しい自然の中で生きるバイタリティを身につけた。ノルウェージャンフォレストキャットか初期のターキッシュアンゴラの血が入っているのではないかと考えられている。

尾のない少しミステリアスな猫

マンクス ショートヘアー ロングヘアー

Manx Shorthair, Longhair

長毛種 短毛種

全体の印象

　数ある猫の品種のなかで、唯一しっぽがなく、またウサギのように跳ねて歩くというユニークな個性を持った品種である。跳ねて歩く理由は、前脚が後ろ脚よりも短いから。この歩き方からバニーキャットという愛称でも呼ばれている。被毛はダブルコートで、上毛は短くて厚く、下毛は長く硬い。丸みを帯びた体つきもチャームポイントである。

性格

　全体的に用心深いが、飼い主に対しては忠実でよくなつく。ただし、二君に仕えないのがマンクスの特性であり、二人目以降の飼い主にはなつきにくい。また、尾のあるべき部分を触られることも非常に嫌うので注意。

飼い方のポイント

　ハンターとしての素質が残っていて、木登りや室内でも高いところに登ることを好むので、キャットツリーを置いたり家具を利用したりして遊ばせる。飼い主に従ってくれる賢さがあるので、しつけはしやすい。

ブラウンクラシックタビー＆ホワイト

頭＆目＆耳
顔を横から見ると、額から鼻にかけて緩やかなカーブを描いている。しっかりしたあごを持つ。目は大きく豊かな表情を見せる。両耳の間隔は広く、先端は丸い。

●マンクスロングヘアー（L）

マンクスの両親から突然変異で生まれた、長毛タイプ。体型や目、頭の形などは短毛種と一緒だが、被毛にタフト（飾り毛）が付いている。1970年代に猫種として1団体に認められているのみで、希少な存在である。

毛
アンダーコートが密集した、短く柔らかな毛質。内側の毛より外側の毛の方が長いため、全体的にふわふわとしている。

レッドマッカレルタビー

●マンクスショートヘアー（S）

イギリスのマン島が原産。尾がないユニークな風貌は、自然発生だとされている。小型だが、筋肉ががっしりしているので、たくましい印象だ。短めの被毛は固そうなイメージだが、触ってみると意外とやわらかい。

体型＆尾
典型的なコビータイプ。骨格がしっかりしていて、全体的に筋肉質でたくましい印象。どの猫よりも腹部に厚みがある。尾がないのが最大の特徴。

四肢
体の大きさと釣り合いがとれた、中くらいの長さ。前脚は後ろ脚よりやや短い。

仔猫の性格＆飼い方
穏やかでおとなしくしつけがしやすいが、やや神経質なため初対面の人間にはすぐには慣れない。短毛種はこまめにブラッシングを行う必要はない。ロングヘアーは、1日1回のブラッシングで十分だ。

Manx Variation

キャリコ (S)

ブルークリーム (S)

ブラック&ホワイト (L)

ホワイト (S)

**尾がないのは
ドアに尾をはさまれたから
という伝説も残っている**

Manx's Profile

Data
種類　短毛種／長毛種
原産地　イギリス
ボディタイプ　コビー
発生スタイル　自然発生
カラー　ホワイト、ブラック等ソリッドのほか、タビーパターン、バイカラー等多数

マン島の猫といわれるが……?

　アイリッシュ海に浮かぶマン島で生まれたとされる。いつ見つかったのかはっきりしないが、数百年前までさかのぼれることはたしかだ。ただ、マン島には古くから貿易船が往来し、どの船もネズミ捕り用の猫を乗せていたため、マン島の猫が起源かどうかは断言できない。

"尾なし"にまつわる伝説

　「アイルランド人がマン島に猫を連れてきて、その尾を切って帽子の飾りにした」「アルマダ海戦でスペイン艦隊の船から逃げた尾のない猫がマン島に泳ぎ着いた」など、マンクスの尾についてはさまざまな伝説が残っている。

尾のあるマンクスもいる

　短い尾があったり、普通の長さの尾を持つことも。尾のあるマンクスをスタンピー、尾なしをランピーと呼ぶが、スタンピー同士やランピー同士の交配では母体内で仔猫が育たないため、スタンピーとランピーでの交配が必須。

人工的に尾を切ることも

　品評会などへの出場を想定したエリートのメス猫は、生後すぐに尾を切断することが多い。チャンピオンになるような個体は、尾を切断した母猫（または父猫）から生まれた猫であるケースが大半である。

運動能力はとても優れている

　跳ねるように歩くマンクスだが、実際その跳躍力はかなりのもので、丸っこい見た目からはまず想像できないほど高くジャンプする。走る速さも抜群で、マンクスのことを"スポーツカー"と評するブリーダーもいるほどだ。

充実した被毛が精悍な印象

ノルウェージャンフォレストキャット
Norwegian Forestcat

`長毛種` `短毛種`

全体の印象
北欧のスカンジナビア半島で活躍したネズミ捕り用の猫。森のなかで生き抜いてきた歴史を思わせる、セミロングでふぞろいの被毛が密生している。ふわふわのダブルコートで、羊毛のようにやわらかく厚いアンダーコートは厳しい自然環境に適応したもの。体も頑丈で、しっかりと筋肉がつき堂々としている。ふさのある耳と毛の長い尾も印象的。後ろ脚が前脚より長いため、四肢で立つとおしりが肩よりも高い位置になる。

性格
おとなしくめったに鳴かないが、人なつっこく知的である。名前を呼べば返事をしながら近づいてくることもあるが、ベタベタとじゃれるわけではなく、落ち着いた愛情を示す。

飼い方のポイント
ふさふさした被毛は自分でグルーミングするので、ときどきクシを入れてあげる程度でよい。成猫になるまで3〜4年かかるのできちんとした食生活が何より重要である。

頭
逆正三角形で、体の大きさとの釣り合いが取れている。下あごががっしりしている。額から鼻先に至るラインはまっすぐで、マズルは平たく、やや角ばっている。

目
大きいアーモンド型で、ややつり上がっている。よく動き、表情豊かである。色はグリーンかゴールドで、まれにブルーアイやオッドアイが生まれることもある。

四肢
中くらいの長さで、全体的に骨太でしっかりしている。前脚よりも後ろ脚の方が長く、臀部がせり上がっているように見える。足の指の間にはたくさんの飾り毛が生えている。

仔猫の性格＆飼い方

仔猫の性格は、おとなしくめったに鳴かない。成猫になるのがかなり遅く、小さい頃から栄養たっぷりの食事と、高低差を利用した運動をよくさせることが大切。仔猫の頃はブラッシングはさほど必要ない。

耳
大きめで付け根は広く、先端は丸い。頭部のやや低いところに生えていて、前向きに傾いている。内側には飾り毛があり、耳の外に向かって生えている。

体型
大型のロング アンド サブスタンシャルタイプ。胸幅が広く、胴回りも厚くがっしりとしている。骨太で、筋肉も発達しているため、重量がある。

毛
寒さや水から身を守るガードヘアーが厚めの下毛を覆っていて、背中から側面に垂れ下がって生えている。首の周りには、よだれかけのように長い被毛が密集して生えている。

尾
体と同じくらいの長さで、ふさふさとしている。根元は太く、先細りしている。尾にもガードヘアーがある方が好まれる。

ブラウン マッカレルタビー＆ホワイト

Norwegian Forestcat Variation

やわらかく充実した被毛は壮大でたくましく、まさにノルウェーの深い森のよう

ブラック

クリームクラシックタビー＆ホワイト

ブルー＆ホワイト

ブラウンマッカレルタビー＆ホワイト

Norwegian Forestcat's Profile

北欧神話にその姿を残す

　北欧に伝わる神話に、猫を連れ去ろうとした雷神がその大きさのせいで持ち上げられなかった話や、大きな２匹の猫が引く車を女神が乗り回した話がある。モデルはノルウェージャンフォレストキャットだと考えられている。

野生種が危機に瀕したことも

　"ノルウェーの森の猫"という名前が示すとおり、ノルウェー奥地に広がる森にはこの猫がたくさん生息していた。いくら大自然の中で生きてきた猫とはいえ、一時は種として絶滅の危機に瀕するほど数を減らしたこともあった。

スカンジナビアから世界へ

　この猫を世界に広めたのは北欧のバイキングだという。また1970年代、ブリーダーによる種の保存活動が始められた。ブリーダーたちからアメリカへ１組のノルウェージャンフォレストキャットが送られたのは1979年、団体による公認は1984年のことだった。

緑豊かな土地で飼いたい種

　深い森の中で生きてきたので体は丈夫。都会よりは自然が豊かな土地で飼うことをおすすめする。グルーミングすら必要なく手間は少ないが、毛が抜け変わる時期にはブラッシングを。

Data

種類　長毛種
原産地　ノルウェー
ボディタイプ　ロング アンド サブスタンシャル
発生スタイル　自然発生
カラー　ソリッドのほか、バイカラー、トータシェル、キャリコ等多数

どこで発生したのかは未確定

　自然発生種ではあるが、野生の猫が暮らせる北限はスコットランドといわれており、それより北にあるスカンジナビア半島土着の猫ではないとされる。とはいえ、古くからノルウェー人とともに生きてきたこともまた事実であり、出自は明らかではないミステリアスな猫だ。

ゴージャスな斑点模様と大きな体
オシキャット
Ocicat

長毛種 **短毛種**

全体の印象
野生種のような全身のスポットが特徴の人為的発生種。がっしりとした見た目のとおり、骨格は頑丈で筋肉もしっかりついている。特にオスは成猫で5～7キロにもなり、したがって見た目よりもかなり体重が重い。とはいえ、決して鈍重ではなく、むしろ活発でしなやか。その動きがまた野生の山猫を彷彿させる。足先は卵型で、尾も長く、全体としてバランスのよい体つきをしている。

性格
仔猫のときはしばしば野性的な面も見せるが、慣れるととても穏やかでよくなつく。飼い主に対しては犬のような忠誠心を見せるほど。また、鳴き声が小さいので子供の遊び相手にも適している。

飼い方のポイント
気をつけたいのは、見た目の野性味に引きずられないようにすること。少しは人見知りをしたり、神経質に周囲に反応したりするが、いったんなつけばあとは穏やかである。

目
わずかに上向きの大きなアーモンド型。両目は目一つ分ほど離れて付いている。

仔猫の性格&飼い方

仔猫のときはやや野性的な面が強いが、慣れればよくなつく。高タンパク、高カロリーの食事を与え、十分な運動をさせること。スポット模様は、仔猫のときにははっきり見えないが、成長するにつれ明瞭になってくる。

耳
頭とのバランスが取れた中くらいの大きさで、機敏に動く。両耳の開きは頭頂部から45度。耳の先端からは垂直に広がった飾り毛がある。

頭
丸みのあるくさび型。横から見ると、額から鼻筋にかけて緩やかなカーブを描いている。マズルは幅広く、四角く見える。下あごはしっかりしている。

毛
全身にある大きな斑点模様が野性的なイメージ。細くて短い毛が、胴体に沿って生えている。光沢があり、つややかな手触り。

体型
大きく、長い体つき。骨格も筋肉が発達していて、ずっしりと重く、たくましいイメージ。厚みのある胸は肋骨がやや反っていて、脇腹は平らである。

尾
長く、先端にいくほど細くなっていく。先端には色の濃い毛が生えている。

四肢
中くらいの長さ。ほどよく筋肉が発達していて、がっしりとしている。足先は卵型で、脚とのバランスが取れた大きさ。

タウニー

Ocicat Variation

アビシニアンと
シャムを交配させた
猫界のサラブレッド

ラベンダー

チョコレート

チョコレート

Ocicat's Profile

スポットのある山猫の名にちなむ

オシキャットという名前は、アメリカ各地の森に住む「オセロット」という山猫に体のスポットが似ていることに由来する。名づけ親はオシキャットが生まれるきっかけの交配を行っていたブリーダーの女性である。

大事な祖先がペット用に……？

オシキャットの第1号は「トンガ」と名づけられ、去勢されてペットとして売りに出された。しかし、新聞社や遺伝学者が独特の美しいスポットに注目すると、トンガが生まれた交配を真似する形で計画繁殖が行われていった。

スポットを持つ種は貴重な存在

オシキャットの特徴はもちろんその野性味あるスポットだが、スポットを持つ人工種の猫を意図的に繁殖することは、重要な意味を持つ。というのも、スポットを持つ多くの自然種が、乱獲や生息環境の破壊によって絶滅もしくは絶滅寸前の危機に陥っているからだ。

元の模様を再現した唯一の品種

オシキャット以外にも、被毛の美しい模様を求めて人工的に作出される猫はいるが、もともと野生種にあった模様を"再現"させる意味で繁殖されたのはこの猫だけである。

Data

種類　短毛種
原産地　アメリカ
ボディタイプ　ロング アンド サブスタンシャル
発生スタイル　人為的発生
カラー　タウニー、チョコレート、ラベンダー等のスポッテッドのみ

交配実験でたまたま生まれた

最初のオシキャットが誕生したのは1964年。CFAのブリーダーであったアメリカ人女性が、あるタビーのシャムを作るために交配を行っていたところ、アイボリー地に金色のスポットを持つオスの仔猫が生まれた。この猫がオシキャットの第1号である。

気品あふれるキング・オブ・キャット
ペルシャ
Persian

長毛種 短毛種

全体の印象
身にまとった長い被毛の美しさから、"猫の王様"とも呼ばれ、根強い人気を誇る品種。まるで絵画のような落ち着いた風格を備えている。がっしりとした体に重い骨格を持ち、バランスの取れた体つき。全体的にやわらかく丸みがあり、まん丸で大きな目がチャームポイント。平たい鼻も個性の一つで、顔を真横から見ると額・鼻・あごの高さが同じになるというユニークな特徴を持っている。

性格
基本的に人なつっこくておとなしいが、孤独に時間を過ごしても平気である。同じ場所にじっとしていることが多いが、遊ぶことが嫌いなわけではない。

飼い方のポイント
専売特許である見事な長毛だが、からまったり毛玉になったりすることが多い。とかく腹部や尾の裏側は地面に触れることが多く、毛玉ができやすいので、はじめからハサミですくように切ってしまう。こうすると手入れが楽。

毛
全身に長く、体から飛び出すように生えているので、もこもことした印象。毛質はシルクのように繊細で滑らかな手触り。首から胸にボリュームのある飾り毛が生えている。色柄は多彩。

体型＆四肢
どっしりとして厚みのある体型だが、太ってはいない。四肢は体の大きさに比べて短く、筋肉がしっかり付いている。足先は丸く大きい。

尾
短いが、体とのバランスがとれている。やわらかく長い毛が尾にも生えている。

仔猫の性格&飼い方

おっとりしていて飼い主に従順なのでしつけがしやすい。仔猫の毛の手入れは抜け毛を取る程度でいいが、長くなったら1日2回はスチールのクシで整えること。シャンプーするときは爪を短く切った手で行うこと。

目
大きくて丸く、輝いており、つり上がっていない。目の色は毛色に順じていて、グリーンやカッパーなどがある。

耳
小さく、付け根もそれほど広がってはない。低い位置に付き、両耳は離れている。長い飾り毛は、垂れ下がるように生えている。

頭
丸みがあり幅広いドーム型。額も後頭部もスムーズに丸く、突出したところがない。横から見ると、鼻先とあごが一直線につながる。マズルは幅広く、あごは力強くたくましい。

チンチラシルバー

鼻
鼻は短く、両目の間の鼻筋にははっきりとした窪みがあるため、上向きに見える。

Persian Variation

威風堂々とたたずむさまは
いつの時代も
人々の心をとらえ続ける

ブルー

トータシェル

被毛の手入れはしっかりと

ペルシャ自慢の美しい被毛を維持するために、グルーミングは毎日1～2回を目安に行うこと。目の細かい専用コームなどで全体をよくとかし、最後に目の粗いブラシで仕上げのブラッシングを。毛玉は無理にクシやブラシで引っ張らず、指でほぐすこと。目の辺りの毛についた涙や目やにには、濡れたガーゼやコットンでやさしく拭くとよい。

ブラック＆ホワイト

ブラック

ダイリュートキャリコ

輝く被毛を
いつまでも楽しみたいなら
グルーミングは必須!

レッド&ホワイト

Persian **Variation**

チンチラシルバー

チンチラゴールデン

何かを訴えているような
甘く独特な表情は
愛おしいのひと言につきる

異彩を放つ人気のチンチラとは？

チンチラとは、ペルシャの色の一種で、正確にはチンチラシルバー、チンチラゴールデンという。ペルシャのなかで最も人気のカラーである。シルバーは、光を吸収してきらめく被毛と、グリーンの瞳に目を奪われるほど見事である。ゴールデンは、角度によって微妙に変化するアプリコットゴールドの美しさが際立っている。

チンチラゴールデン

Persian's Profile

欧州上陸の古い記録は16世紀

アジア圏から欧米圏にやってきた最も古い記録は、16世紀の後半にイタリアへ持ち込まれたというもの。ただ、"出発地"はトルコとなっているため、ターキッシュアンゴラの祖先であるターキーだった可能性もある。

見た目の優雅さが人気の理由

ペルシャはじっとしていることを好む。そのため、暖炉の上やソファのクッションなどにたたずんでいることが多く、まるでインテリアのように室内を飾ってくれる。これも人気を集める理由の一つだ。

意外にカラフルなペルシャの毛色

ペルシャといえばホワイトの単色のイメージが強いかもしれない。しかし、ブラックやクリーム、さらに複数の色など多彩なバリエーションがあり、公認されているだけでも100以上のパターンを持っている。

見かけによらず健康優良児

どこか温室育ちのイメージがあるが、きちんと健康管理をしておけば、実はほかの種に比べて病気になりにくい健康な猫である。とはいえ、目が大きく涙がたまりやすいので、濡れたガーゼ等でこまめに拭いてやること。

Data

種類　長毛種
原産地　アフガニスタン
ボディタイプ　コビー
発生スタイル　人為的発生
カラー　ブラック、ホワイト等ソリッドのほか、シェーデッド等多数

正確な起源はわからない

ペルシャがいつどこで発生したのかを示す資料や記録は残っていない。ペルシャとは現在のイランを中心に西アジアをさすが、その昔、ペルシャの商人たちが、長毛の猫を大切な商品として運んだといわれる。これが事実なら、その猫はペルシャだと思われるが今のところ確証はない。認知度のわりに謎が多い猫だ。

ペルシャとシャムの夢のコラボ
ヒマラヤン
Himalayan

長毛種　短毛種

全体の印象

ペルシャの体型とシャムのポイントを合わせ持つ人工種。美しいブルーの丸い目と、体の端にあるポイントが合わさって気品ある色合いに彩られている。全体としてはペルシャ寄りの部分が多く、密に生えているシルクのような手触りの長い被毛も健在である。丸まったようなシルエットに平らな顔、豊かな被毛、そして穏やかな性格をペルシャから、一方のシャムからはシンボルのポイントを受け継いだ形になっている。

性格

外見に加えて、落ち着いた穏やかな性格をペルシャから譲り受けた。飼い主にわがままをぶつけたり、理由なく機嫌を損ねたりすることもない。

飼い方のポイント

毛のもつれがペルシャより少ないとはいえ、ほかの種に比べればやはりもつれることは多いので、朝晩のグルーミングが日課となる。もつれて毛玉になったら切り取らなければならなくなるので注意すること。

頭
丸くどっしりとしていて、グレープフルーツのような形をしている。額も丸みがあり、横から見ると額、鼻、あごを結ぶ線が一直線になる。あごは幅広くたくましいイメージ。

目
大きく見開いている。色は、澄んだブルーが好ましい。

鼻
縦幅、横幅ともに短く、目と目の間にはっきりとした窪みがある。

シールポイント

仔猫の性格＆飼い方

のんびりしていてマイペースなので、必要以上に遊んでやる必要はない。運動量もさほど多くなく、家の中で遊ばせるだけでも十分。目やにや涙がたまりやすいので、濡らしたガーゼでこまめに拭き取ってあげること。

耳
全体的に小さく、頭部の低い位置に付いている。両耳の間はとても離れている。

胴体＆四肢
胸元は厚く、背中は水平で、やや長方形の体型。四肢は体の大きさに対して短く、太くまっすぐに伸びている。胴体も四肢もしっかりとした筋肉が発達している。

毛
長くふさふさとした毛が、体に密着して生えている。手触りはやわらかで、絹のよう。耳、口元、足先、尾に濃い色の毛が生えたポインテッドカラーが最大の特徴。

尾
短いが、体の長さとのバランスは取れている。長くてふさふさとした毛で覆われ、まっすぐのびている。

Himalayan Variation

ブルートーティーポイント

フレームポイント

試行錯誤して生まれた
ポイントカラーが目印の
ペルシャ猫

シールポイント

チョコレートリンクスポイント

Himalayan's Profile

ウサギの毛色の呼び名から

　ヒマラヤンというのはそもそも毛色の種類を表す名前である。ウサギのなかに、全身が白く四肢や耳など端だけが黒いものがいて、それに似ていることからヒマラヤンと名づけられた。

ブリーダーたちの苦労の産物

　計画交配によって種が確立されるのはめずらしくないが、ヒマラヤンの繁殖は一番難しかったといわれる。種として一応の確立にいたってからは、ポイントの遺伝子が劣性だったのでヒマラヤン同士の交配がなされたが、体型の変化が生じてきたためペルシャとの交配を妥当とするようになった。

ヒマラヤンとペルシャは同じ種？

　ペルシャの血が入るようになり、ヒマラヤンとペルシャはほとんど違いのない種となった。実際、CFAとTICAの分類ではペルシャの毛色違いの一つという位置づけになっている。

美しいブルーアイを求めて

　気品あるブルーの目にすることは、大きな課題の一つだった。試行錯誤の結果、目の色素が濃いペルシャが必要だと判明。そこでカッパー（銅色）の目をしたペルシャを交配に用い、美しいブルーを出すことに成功した。

Data

種類　長毛種
原産地　イギリス、アメリカ
ボディタイプ　コビー
発生スタイル　人為的発生
カラー　クリーム、シール、フレーム、チョコレートリンクス等のポイントカラーのみ

北欧生まれの英米育ち

　原産地はイギリスおよびアメリカだが、祖先猫の故郷はスウェーデン。1924年に猫界のサラブレッドであるペルシャとシャムの交配で生まれた。その後、イギリスとアメリカで計画的に交配が進み、初交配から10年後の1935年にヒマラヤンの第1号が誕生した。

愛きょうたっぷりな短毛のペルシャ
エキゾチック
Exotic

長毛種 **短毛種**

全体の印象
"短毛種のペルシャ"として作り出された人工種。短毛種ではあるがほかの品種よりは長めで、シルクを思わせる毛質はやわらかく、そしてなめらかで弾力性にも富む。ペルシャと同じといってよい体は筋肉がしっかりついてたくましく、それを支える四肢も太くて丈夫である。ユーモラスな顔の表情もペルシャ譲りで、まん丸の目は少し離れ気味につき、つぶれたように上を向いた鼻にはブレイク（窪み）がある。

性格
愛情深く、温和でおっとりしているところもペルシャ同様。人間とのスキンシップを好むが、活発に動いて遊ぶというよりは、膝の上で昼寝をしたり、鼻を飼い主の顔に押しつけたりするのが好きである。

飼い方のポイント
ほかの種よりは運動量が少ないので、食べさせる量や栄養素を調整する。もちろん、ときには家の中を走って遊ぶこともあるので、そのときは優しくかまってあげるとよい。

胴体＆四肢
中くらいの大きさ。幅広くどっしりとしていて、骨格も幅広くしっかりしている。全体的にバランスがとれ、筋肉もよく発達している。四肢は体の大きさに比べて短く、前脚は太くまっすぐにのびている。

尾
短いが、体とのバランスはとれている。背中より低い位置で、まっすぐに垂れているが、引きずるようではない。

仔猫の性格＆飼い方

ペルシャ譲りの穏やかな性格で、飼い主をとても信頼する。仔猫のときからのんびりしているので、必要以上に抱っこされたり触られたりするのがあまり好きではない。短毛種なので、仔猫の頃の手入れはあまり必要ない。

毛
ほかの短毛種よりも長めである。手触りはやわらかく、絹のようである。アンダーコートも厚くたっぷりと生えているので、もこもことした印象。

耳
小さく、先端はやや丸い。頭部のやや低い位置に付いていて、両耳の間隔はそれほど開いていない。

頭
丸くて幅広いドーム型。ほおがふっくらとしていて、盛り上がっている。横から見ると、額、鼻、あごは一直線上に並んでいる。

目
大きく丸く見開いていて表情豊か。目と目は離れている。

鼻
短く、幅広く、目と目の間に窪みがある。

ブラウンマッカレルタビー＆ホワイト

Exotic Variation

ペルシャ譲りのおとなしく
穏やかな性格と
ユニークな顔立ちが人気

ブラック

ブルー

ブラック&ホワイト

レッドクラシックタビー&ホワイト

Exotic's Profile

異国情緒あふれる猫?

「エキゾチック」とは「外国の、異国の」という意味。はっきりした品種名の由来は不明だが、アメリカ人からすれば短い毛を持つペルシャがエキゾチックな猫だったことはたしかだろう。

ブリーディングへの非難があった

アメリカのブリーダーたちがペルシャと短毛種の交配を始めた当時、ブリーダーの一部から「ペルシャが雑種になってしまう」との非難の声が挙がった。ようやく1980年代になるとそれも鎮火し、万人に認められる種となった。

ちょっとユニークな愛称も

エキゾチックは短毛のペルシャということで"パジャマ姿のペルシャ"との異名を持つが、愛情を込めて"怠け者用のペルシャ"と呼ばれることもある。日々のグルーミングが欠かせないペルシャに対して、エキゾチックはグルーミングなしで飼えるからだ。

ペットとしてはかなりの優等生

人間にとって飼いやすいのは、おとなしく、神経質でもなく、そして体が丈夫——つまり手のかからない猫。これらをすべて備えているのがエキゾチックである。毛の手入れが不要なのも人気の一因となっている。

Data

種類　短毛種
原産地　アメリカ
ボディタイプ　コビー
発生スタイル　人為的発生
カラー　ブラック、ホワイト等ソリッドのほか、トータシェル、バイカラー等多数

ペルシャ＋短毛種の交配で誕生

1960年代に、アメリカで短毛種としてのペルシャを求める計画交配が行われた。当初の交配対象はバーミーズとブリティッシュショートヘアーだったが、1968年からアメリカンショートヘアーが交配対象となった。繁殖が進むにつれ、ペルシャの短毛種として申し分ない特徴を得た。

とっても甘えん坊でペットとして最高!
ラガマフィン
RagaMuffin

長毛種　短毛種

全体の印象
数多い猫種のなかでも大型の種として知られる。とても胸板が厚く、成猫だと10キロに達することもある。そのせいか成長の度合いは遅く、成猫になるまでに3〜4年はかかる（平均的な成猫年齢はおよそ1年）。離れ気味のつり上がった卵型の目に、モコモコしていてウサギに似た感触の被毛が特徴。

性格
大きな体格で力強く見えるが、内面的にはきわめて甘えたがりである。飼い主やその家族の膝でゴロゴロするのはもちろん、飼い主が帰宅したらドアの前で待ち、いつも自分に関心を寄せてもらいたがる。人間の興味を引き、それが満たされることでどんな環境にも適応できる。

飼い方のポイント
十分なボリュームの被毛を持つが、サラサラとなびいているわけではないので、グルーミングなどの手入れは1日1〜2回のコーミングとブラッシングをすれば十分だ。

頭
やや横に広がり、丸みを帯びたくさび型。マズルは中くらいの長さで、幅広く、丸みがある。あごは丸くしっかりしている。横から見ると鼻が窪んでいるように見える。

目
大きなくるみ型で、表情豊か。目と目の間隔は開いている。被毛がポインテッドの場合の目色はブルーに限る。そのほかの目色は被毛の色に準じる。

四肢
長さは中くらい。骨太でがっしりしていて、前脚より後ろ脚の方がやや長めだが、ボディとのバランスは取れている。筋肉はほどよく発達している。

仔猫の性格&飼い方

好奇心旺盛で仔猫の頃からよく遊び、よく食べる。性格は穏和で、飼い主の手をわずらわせることはあまりない。大きめの体型で、成長するまで3〜4年はかかるので、栄養たっぷりの食事を与え、よく運動をさせること。

耳
中くらいの大きさで、丸みを帯びている。やや離れぎみについていて、前に傾いている。耳の先端や内側には飾り毛がある。

体型
大きくて長め。骨格も筋肉もしっかりと発達していて、たくましい。体の後方部分の方がほかよりよく筋肉が付いている。

毛
中くらいの長さ。顔や首の周りがもっとも長く、腹部と体の側面は長い毛が生えている。手触りはシルキーで滑らか。

シェーデッドシルバー&ホワイト

尾
ボディの大きさに対してやや長め。付け根は太くもなく細くもなく、先端はやや先細りになっている。ふわふわとした長い毛が生え、ブラシのようである。

RagaMuffin Variation

トータシェル&ホワイト

ブルーミンク&ホワイト

大きな体でいたずら好き
しかも甘えん坊の
どうしても憎めない存在

チョコレート（シャンパーニュ）ミンク&ホワイト

レッドポイント

ブルーマッカレルタビー&ホワイト

RagaMuffin's Profile

Data
種類　長毛種
原産地　アメリカ
ボディタイプ　ロング アンド サブスタンシャル
発生スタイル　人為的発生
カラー　ソリッドのほかタビーパターン、ポインテッド等多数

歴史の新しいアメリカの人工種

　人為的に作り出された猫だが、詳しい誕生の経緯は不明。1980年代のアメリカで、メインクーンなど数種の猫を交配させて生まれたといわれている。カリフォルニア州を始めアメリカにファンは多いが、団体に認定されたのは最近のことで、CFAが2003年に認定した。

ぬいぐるみのように抱きしめたい！
ラグドール
Ragdoll

`長毛種` `短毛種`

全体の印象
複雑な交配によって生まれた大型の品種。とはいえメスはオスに比べてかなり小さい。ラガマフィンのように成長の度合いが遅く、生後2年ほどで毛の色合いが完成。体が成猫となるのは生後4年経ったころである。骨格は固くて重くがっしりしている。シルクのような手触りの被毛は、首の周りだけがほかの部分よりも長くなっているのが特徴である。

性格
穏やかで、飼い主に従順である。冷静で物怖じせず、激しく鳴くこともないが、遊ぶこと自体は好む。また、ほかの品種に比べて帰省本能が強いともいわれている。

飼い方のポイント
体のサイズに合わせた十分な食事と運動が必要。被毛はセミロングだが、市販品のクシで簡単にグルーミングするだけで、見事な美しい毛並みを維持できる。下毛が少ないせいで体に残る抜け毛は少なく、手入れの手間はそれほどかからない。

体型
大きい。長い体に筋肉がほどよく付き、骨格もがっしりしているが、太ってはいない。ボディが長方形になっているのが理想。メスはオスと比べてとても小さい。

毛
中くらいの長さ。首周りがもっとも多く、よだれかけをしたような印象。ボディに沿うように生え、動くたびにさらさらと左右に分かれる。アンダーコートは少ない。

尾
長く、ふわふわとした毛がたっぷり生えている。先端はやや先細りしている。

仔猫の性格&飼い方

なでられたり抱っこされたりするのが大好きで、小さな頃から人間になつきやすい。仔猫のときのブラッシングは特に必要ないが、ボリュームが出てきたら1日に1～2回程度、ブラッシングとコーミングをするとよい。

耳
中くらいの大きさで、やや前に傾きながら付いている。耳と耳の間隔はほどよく離れている。根元は広く、先端は丸くなっている。

頭
中くらいの大きさで、幅広い変形くさび型。マズルの長さは中くらいで、なだらかなカーブを描いている。耳と耳の間は平らな面になっている。あごはしっかりしている。

目
大きい卵型で、ややつり上がっている。両目は適度に離れて付いている。色は澄んだブルー。

四肢
中くらいの長さで、前脚より後ろ脚の方が長い。骨格はしっかりしていて、ほどよく筋肉が付いている。足先は丸くて大きく、羽毛のような飾り毛が生えている。

シールポイント

Ragdoll Variation

よだれかけをしたような
首の回りの被毛が
動くたびにふわふわと揺れる

ブルートーティーポイント

チョコレートポイント

シールポイント

ブルーポイント

Ragdoll's Profile

品種名は「ぬいぐるみ」の意味

「ラグ」はボロ（布）、「ドール」は人形の意だが、ラグドールの1語でぬいぐるみという意味がある。抱き上げると、抵抗するどころかぬいぐるみのように体を預けてくるので、この名がつけられた。飼い主への愛情や信頼のシンボルとも解釈されている。

カラーバリエーションが豊富

模様のバリエーションは多数あるが、CFAではポインテッドカラーとバイカラー、バン（頭部と尾に色が入っている）の3種類のパターンが認められている。

なぜ"怖いもの知らず"なのか

もともと交配に使われたペルシャが交通事故に遭ったことがあるため、怖いもの知らずと考える人さえいるほど、ラグドールは物怖じしない。痛みを感じないともいわれるが、科学的な確証は得られていない。

ケガの防止は飼い主の役目

何事にも動じない性格だが、裏を返せば危険にも鈍感だということ。つまり、自分がケガをすることを回避できない場合があるのだ。ラグドールを飼うときは、飼い主が意識的に危険から遠ざけてやることが大事である。

Data

- 種類　長毛種
- 原産地　アメリカ
- ボディタイプ　ロング アンド サブスタンシャル
- 発生スタイル　人為的発生
- カラー　シールポイント、チョコレートポイント、フォーンポイント、ブルートーティーポイント等多数

2段階の交配で作り出された

1960年代の米カリフォルニア州で、ブリーダーのアン・ベイカー女史が白いペルシャとシールポイントのバーマンを交配。さらにその生まれた猫とセーブルのバーミーズを交配させて生まれたのがラグドールである。

静かに微笑むロシア生まれの美猫
ロシアンブルー
Russian Blue

長毛種 **短毛種**

全体の印象
祖先はロシア原産の猫だが、やがて計画繁殖により種として洗練された。印象的なブルーの被毛は、毛先がシルバーなのでキラキラした光沢を帯びるが、それは自然光を浴びたとき最も美しく見える。グリーンの目を持つのもほかの種にない特徴である。スリムな体格だが、筋肉はしっかりつき、四肢も丈夫だ。微笑んでいるような口元はロシアンスマイルと呼ばれ魅力の一つとなっている。

性格
従順だが警戒心は強い。おとなしく、めったに鳴かないので発情期がわからないこともある。獲物を追うときは一転、驚くほど攻撃的になる。

飼い方のポイント
孤独に強く、大きな声で鳴くこともないので、日中留守にする家でも問題なく飼える。ロシアの寒さに耐える十分な被毛と健康的な体質を持ち、グルーミングもほんの少しで済むなど、ペットとしての条件はほとんどクリアしている。

毛
細く短いダブルコートが密集して生えている。やわらかで絹のような手触り。外側のシルバーグレーのガードヘアーは、動くたびに光を反射する。

尾
やや長めだが、体とのバランスは取れている。付け根はほどよく太く、先端は先細りになっている。

四肢
長くほっそりとしているが、筋肉がよく引き締まっていて、しなやか。足先は小さく、丸みを帯びている。

仔猫の性格＆飼い方

猫の中でも特に性格が穏やか。小さい頃から静かな環境で穏やかに育てるのがよい。ただし内向的な性格で見知らぬ人にはなかなかなつかない。ほっそりした体型なので、食事の与え過ぎに注意すること。

頭
中くらいの大きさ。変形したくさび型をしており、鼻や額が平ら。マズルは中くらいの大きさで、ほおはやや高い。

耳
大きく、付け根は幅広い。先端は丸いというより尖った印象。耳と耳の間隔は離れていて、頭部の両端に付いている。皮膚が薄く、半透明のように見える。

目
大きくて丸いが、ややつり上がったように見える。目と目の間隔は離れている。目の色は仔猫のときはブルーやイエローだが、成猫になるにしたがってエメラルドグリーンになる。

体型
長くほっそりしているが、厚いダブルコートで覆われているため、むくむくとした印象。筋肉は発達していて、しなやかで優美な身のこなし。

ブルー

165

Russian Blue
Variation

ブルー

ブルー

Russian Blue's Profile
Data

種類　短毛種
原産地　イギリス
ボディタイプ　フォーリン
発生スタイル　人為的発生
カラー　ブルー

一人のブリーダーが絶滅を回避

　1875年に初めてショーへ出陳され、1912年には独立種として人気を博したが、第二次大戦中にその数は激減。しかし、あるブリーダーが繁殖用の個体を守り抜き、絶滅だけは免れることができたのである。今ではすっかり定番の猫種。

The Other Cats
そのほかの猫たち ④

ピクシーボブショートヘアー&ロングヘアー
Pixiebob Shorthair(s),Longheir(L)

ピクシーボブは、野生のボブキャットと家猫の交配によって生まれたといわれているが、そのルーツは実ははっきりしていない。ボブキャットに似た猫と家猫との交配で生まれた猫から、さらに交配をすすめた結果、1980年に生まれたのが現在のピクシーボブの原型だといわれ、その約10年後、正式に品種として認められた。

どっしりとした体に、強固な筋肉と、短めの尾がなんとも素朴でかわいらしい。硬そうに見える被毛はやわらかくつやがあり、滑らかな手触りだ。見た目とはうらはらに穏やかな性格で飼い主には犬のように従順なので、とても飼いやすい。

ブラウンスポッテッドタビー (S)

ブラウンスポッテッドタビー (L)

ブラウンスポテッドタビー (S)

スコティッシュフォールド ショートヘアー ロングヘアー

くたりと垂れ下がった耳が微笑ましい

Scottish Fold Shorthair, Longhair

長毛種 短毛種

ブラウンマッカレルタビー＆ホワイト

全体の印象

前に垂れ下がった耳が印象的だが、発生率は約3割。生後3週目くらいから垂れ始めるが、ストレスや病気が原因で立ち耳になることもあれば、また垂れ耳に戻ることもある。ユーモラスな見た目ながら体つきは力強い。筋肉がしっかり発達しており、厚く広い胸と十分な肩幅がある。動きはしなやかで、足先をすぼめるような独特の歩き方をする。

性格

温和で、見た目のとおりお茶目で愛嬌もあり、とても扱いやすい。犬などのほかのペットとも仲良くできる寛容さも備えている。人間のそばにいることを非常に好み、飼い主だけでなく初対面の人にもすぐ甘えるほどだ。

飼い方のポイント

毛の手入れは1日1回ブラッシングするとよいが、抜け毛を取ったり毛玉をできにくくする程度でよい。折れ曲がった耳は週に1回、オリーブオイルで湿らせた綿棒でやさしく拭き取ってあげると、耳の病気の予防になる。

● **スコティッシュフォールド ロングヘアー（L）**

スコティッシュフォールドの短毛種の交配により、突然変異で生まれた長毛種。垂れ耳、目や頭の形などはショートヘアーとまったく一緒。セミロングの被毛には、首の回りにたっぷりとした飾り毛がある。

体型＆尾

中型でまるまるとしていて、肩から骨盤までは同じ太さ。全体的に中くらいの骨格を持つ。オスに比ベメスは小さい。尾は長く、先が細くなっていてボディの3分の2以上の長さ。

仔猫の性格&飼い方

マイペースな性格で、ほかの猫種との順応性も高い。仔猫のときには必ずしも折れ耳ではない。仔猫の頃のブラッシングは特にしなくてもよいが、耳の掃除はオリーブオイルを湿らせた綿棒で週に1回、定期的に行う。

●スコティッシュフォールド ショートヘアー（S）

スコットランドで突然変異により生まれた垂れ耳の猫がルーツ。垂れた耳とまん丸の目、短くてボリュームのある被毛と、個性的な魅力に富んだ猫。垂れ耳のせいで特別な病気にかかったりはしない。

耳

最大の特徴である耳は前方に折れ曲がっていて、大きさはさまざま。先が丸く、緩やかに折れ曲がった大きな耳より、小さくてもしっかり折れ曲がった耳の方が見た目はよい。

頭&目&毛

頭は丸く、首は短めでしっかりとしたあごを持つ。目はとても大きくて丸く、愛らしい表情をしている。目の色は毛の色に準ずる。密集したやわらかい手触りの毛を持ち、首の周りは少し長い。

四肢

ボディと釣り合いがとれた長さをしていて、中くらいの骨格を持つ。丸く小さなつま先が特徴。

レッドクラシックタビー&ホワイト

Scottish Fold Variation

ブラック (S)

クリームタビー&ホワイト (L)

スコットランドでは
スージーという愛称がついた
ひょうきんな垂れ耳の猫

ブラック&ホワイト (S)

ホワイト (S)

Scottish Fold's Profile

"スコットランドの折れた耳"

スコティッシュは故郷であるスコットランドから、フォールドは「折る、折った部分」という意味で、トレードマークの折れた耳のことをさす。

イギリスとアメリカで賛否両論に

意外にも、本国イギリスでは「奇形を生じる遺伝子を持っている」「耳の衛生状態が悪い」などと非難され、団体認定が消滅。イギリスのショーでこの種を見かけることはなくなった。反対にアメリカではとても好意的に扱われ、1978年には全団体で認定されている。

同種以外にも耳折れがみられる

現存の個体はすべて最初の猫の子孫だが、耳の折れた猫はほかにもいる。中国では1796年の書物に耳の折れた猫が登場し、ドイツやベルギーでも同様の突然変異種が生まれていたという。耳折れの遺伝子自体は、少なくとも170年ほど前には存在していたようだ。

ペットとしては最良の性格

独特の耳の手入れが気になるが、特別に必要ない。また、どんな家庭でも、あるいは初めて来たホテルの部屋でも、スムーズに適応できる。とにかく性格的に手間のかかる要素がまるでなく、きわめて飼いやすい猫である。

Data

種類　短毛種／長毛種
原産地　イギリス
ボディタイプ　セミコビー
発生スタイル　突然変異的発生
カラー　ホワイト、ブラック等ソリッドのほか、タビーパターン、バイカラー、キャリコ等多数

牧師に引き取られた耳折れの猫

1961年、スコットランド東部のテイサイド州のある農家で、耳が折れたままの猫がいた。この猫は「奇妙な猫」という意味のスージーと名付けられた。2年後の1963年、スージーが生んだ最初の仔猫の中に、耳の折れた猫が2匹混じっていたため、以後本格的に計画繁殖がなされていった。

キュートなゆるい巻き毛が印象的

セルカークレックス ショートヘアー／ロングヘアー

Selkirk Rex Shorthair, Longhair

長毛種　短毛種

全体の印象

ペット保護施設で発見された、巻き毛の品種のニューフェイス。ほかの種の巻き毛に比べるとやや長めで、これは長毛種との交配に起因すると思われる。生まれた時からすでに巻き毛だが、生後6カ月ほど経つと一度抜け落ちる。それから、8〜10カ月ほどで改めて生えそろう。体格は中くらいからやや大きめで、骨格がよく筋肉質。もこもことしたかわいらしいルックスで、とても愛嬌がある。

性格

特筆すべき性格として我慢強さがある。普段からおっとりしているが、多少乱暴な扱いをしても怒り出すことは少なく、小さな子供がいる家庭でもスムーズに暮らせる。

飼い方のポイント

全身にまとった巻き毛はそれほど手入れの必要がなく、ブラッシングは1日に1回程度行えば十分。必要な運動量もそう多くないので、我慢強く穏やかな性格と相まって、飼うには手間のかからない猫である。

毛

やわらかくゆるい巻き毛が最大の特徴で、特に首まわりと尾に充実して生えている。生まれたときにはすでに巻き毛の状態だが、生後8〜10カ月で完全な巻き毛が生えそろう。

体型&尾

中くらいでバランスのとれた体型。がっしりした骨格を持つ。顔も含め、全体的にぽっちゃりしている。ふさふさの尾は長くも短くもない。

●セルカークレックス ショートヘアー（S）

セミコビーのコンパクトな体型に、ゆるい巻き毛がチャームポイント。目や耳、頭の形などすべてにおいて丸く、ぬいぐるみのような印象。わき腹やお腹、首周りがもっともカールが強く、成長したオス猫のカールがもっとも美しい。

● **セルカークレックス ロングヘアー（L）**

ショートヘアーよりもゴージャスな巻き毛をまとう。コーニッシュレックスやデボンレックスのようなほかの巻き毛の猫種よりも、やわらかく繊細なカールをもつ。口ヒゲもくるんとカールしており、長くなると切れやすくなる。

仔猫の性格＆飼い方

遊ぶのが大好きで、人なつっこい性格。巻き毛は仔猫の頃から現れていて、抜けにくく手入れも簡単。あまり頻繁にブラッシングをするとカールがとれてしまうので、長毛種も短毛種も1日に1回程度でよい。

シルバーマッカレルタビー

頭＆目＆耳
丸みがかった頭と幅広いほおを持ち、マズルは中くらい。目は大きく丸く愛らしい。鼻が非常に低く、耳は離れ気味についていて先が尖っている。

レッド＆ホワイト

四肢
大きく丸くがっしりしている四肢は、骨太である。

Selkirk Rex Variation

クリーム&ホワイト (S)

ブルーマッカレルタビー (L)

シールトーティーポイント&ホワイト (S)

クリームマッカレルタビー (S)

思わずほおずりしたくなるビロードのような巻き毛は最大のチャームポイント

カーリーヘアーを持続させるには？

最大の魅力であるセルカークレックスの巻き毛をいつまでも楽しむために、いくつか注意して欲しい点がある。まず、グルーミングの際には、あまり頻繁にブラシをかけない方がよい。また、シャンプーをするときは、しっかりとすすぎ、皮膚を清潔にしてあげること。手入れをし過ぎず清潔にすることで自慢の巻き毛を持続できる。

ホワイト (S)

シールリンクスポイント＆ホワイト (S)

Selkirk Rex's Profile

Data

種類　短毛種／長毛種
原産地　アメリカ
ボディタイプ　セミコビー
発生スタイル　突然変異的発生
カラー　ブラック、ホワイト等ソリッドのほかバイカラー等多数

保護施設で発見された巻き毛の猫

　1987年、アメリカ・モンタナ州にあるペットの保護施設で、被毛がカールした三毛の仔猫が見つかった。この猫はまもなく同州のブリーダーに引き取られ、ペルシャとの交配の結果、6匹の仔猫を生んだ。そのうち3匹が巻き毛だったので優性遺伝とわかり、以後盛んに繁殖が行われている。巻き毛の猫種の中で最も繊細なカールをもつ。

誰もが認める猫の最高峰
シャム
Siamese

長毛種 | **短毛種**

全体の印象

"最も美しい猫"と評される、タイ原産の短毛種。サファイアブルーの瞳と、四肢や尾などの先端に色がつくポイントはよく知られている。ボディタイプはオリエンタルで細くスレンダーだが、筋肉がしっかりついていて優雅な動きを見せる。細い首の先にある小さな頭、そして細い四肢と尾が連なってしなやかに動く姿は、まさに芸術的な美を感じさせてくれる。

性格

好き嫌いが激しい、人見知りをしない、頭がよい、好奇心が強い、目立ちたがる、飼い主に忠実、活発によく動く……。これらの性格がどれも同じくらいに強い、というのがシャムならではの個性である。

飼い方のポイント

血統猫のなかで最も運動量の多い品種の一つだが、かといって高タンパク、高カロリーな食事を与え過ぎるとスリムな体型がキープできないので、量には注意を。毛の手入れはときどき抜け毛を取ってあげる程度でよい。

毛
きめが細かく短い毛は、光沢があり繊細な手触り。体にぴったりと密着していて寝ている。年齢が高くなるほど色は濃くなっていく。

体型
美しく長く伸び、しなやか。細い骨と硬い筋肉の組み合わせが特徴的である。肩から腰は筒状の滑らかな線で続いていて、腹部は引き締まっている。ほっそりと長い首を持つ。

尾
細長く、先端に向かって先細りしている。

仔猫の性格＆飼い方

小さい頃から社交的で好奇心旺盛。遊ぶことが大好きで、特に高い所に登るのが大好き。ただし運動量が多いとはいえ、えさの与え過ぎに注意する。ブラッシングは特に必要なく、たまにセーム革で拭くだけでつやが出る。

頭
長く先細りしたくさび型で、中くらいの大きさ。横から見ると頭頂部から鼻の先端までまっすぐである。マズルは細く、くさび型である。

耳
とても大きく、ピンと尖っている。付け根は幅広く、くさび型の輪郭の延長線上に位置する。

目
サファイアブルーの美しい目は、アーモンド型で中くらいの大きさ。くさび型の輪郭と、耳のラインとのバランスをとりながら鼻に向かって傾いている。

四肢
細長く、体とのバランスがよくとれている。卵型の足先は、華奢で小さく上品である。

シールポイント

Siamese Variation

深く澄んだブルーの瞳と
しなやかな肢体は
まさに美しいのひと言

ブルーポイント

ライラックポイント

チョコレートポイント

ライラックポイント

Siamese's Profile

王宮の至宝がヨーロッパへ

19世紀末、総領事官として長くバンコクにいたイギリス人が、"門外不出の王宮の宝"だったシャムをプレゼントされた。イギリスに渡ったシャムは、早くもその翌年のショーで数々の賞を独占するほどの人気を集めた。ちなみにシャムとはタイの古い呼び名。

代表的な毛色は計4種類

最初にイギリスに持ち込まれたのがシールポイントのシャムだったため、これがシャムのシンボルとなった。その後、チョコレートポイント、ブルーポイント、そして1955年にライラックポイントが公認され、この時点で完全に種として確立された。

最初はスリムじゃなかった?

現在はそのスリムなボディシェイプで知られるが、タイからイギリスやアメリカへ渡った当時のシャムはずんぐりとした体型で、頭は丸く、毛色も濃かったようだ。

意外に飼い方は難しくない

以前は強烈な個性のせいで飼いにくい部分もあったが、その性格は改良されとても飼いやすくなった。ただしメスに限っては、発情期になると不気味な声を上げ続ける性質がある。

Data

種類　短毛種
原産地　タイ
ボディタイプ　オリエンタル
発生スタイル　自然発生
カラー　シールポイント、チョコレートポイント、ブルーポイント、ライラックポイントのみ

タイ(シャム)生まれの古い種

原産地はタイだが、自然発生した種なので発生した時期は定かでない。古い記録ではアユタヤ時代(1350～1767年)の書物に、クリーム色のボディにシールポイントのあるシャムに関する記述があり、少なくともこの時代のうちには人々に知られた存在であったと考えられている。

ポイントのカラー違いのシャム
カラーポイントショートヘアー
Colorpoint Shorthair

長毛種 **短毛種**

全体の印象
シャムとしての公式な認定色を持たないシャムを、カラーポイントショートヘアーと呼ぶ。細くて引き締まったボディ、ブルーの目、ぴったりしたシングルの被毛など、毛色以外はシャムとまったく同じである。口元と耳、四肢、尾のポイントがもたらす見事なコントラストも健在。いわばシャムのカラーバリエーションとでもいうべき品種である。

性格
被毛の色以外は基本的にシャムと同じなので、性格はシャムと変わらない。人間が大好きで、飼い主のあとについてきてよくじゃれるのを好む。とてもデリケートで、感情の起伏が大きい。

飼い方のポイント
騒がしい場所よりは静かなところに居場所を作ること。定期的なグルーミングは必要なく、ブラッシングで抜け毛を取ったり、ときどきお風呂に入れる程度でよい。体型の美しさが大きな魅力なので、食事のバランスにも気をつける。

仔猫の性格&飼い方
シャムと同様、遊び好きで人なつっこい。とかく仔猫の頃は感受性が強いので、ほかの猫種となじむのが遅い。スレンダーな体型を保つため、えさの管理に気をつける。ブラッシングは、1日に1回ほどで十分だ。

尾
細長く、先端に向かって先細りしている。

耳
目を引くほど大きく、尖っている。幅広い付け根は、くさび型の輪郭の延長線上にある。

目
アーモンド型で中くらいの大きさ。くさび型の輪郭と耳に調和していて、鼻に向かって傾いている。色は鮮明なサファイヤブルー。

頭
長く、先細りしたくさび型で大きさは中くらい。顔は長くて鋭角で体とのバランスがよい。鼻筋が長くスッとしている。

体型
中くらいの大きさで優美で長く、しなやか。細い骨にしっかりと筋肉がつく。腹部は締まっていて、ほっそりとした首を持つ。

毛
短毛でピタリと体に張り付いたように横たわって生えている。つやがあり繊細な手触り。

四肢
細長い骨格で、体とのバランスが非常によい。小さく上品に伸びる卵型の足先を持っていて、とりわけ前脚が細くスマートである。

シールリンクスポイント

Colorpoint Shorthair Variation

シールリンクスポイント

シャムをより一層
カラフルにした
モデルのような美しい猫

レッドポイント
※被毛の色は同じ
であっても個体に
より多少の違いが
ある

レッドポイント

Colorpoint Shorthair's Profile

ソリッドポイントの由来

　計画交配が始まると、レッドかクリームのポイントの猫が目標とされた。CFAで認定されたのは1964年だが、レッドとクリームのポイントをソリッドポイントと呼ぶのは、認定時のポイントがこの2色だったからである。

リンクスポイントは全6種

　ソリッドポイントに続いて、タビーのシャムが計画交配に組み込まれた。タビーポイントの猫たちはリンクスポイントと称され、シール、チョコレート、ブルー、ライラック、レッド、クリームの6種類に分かれている。

メス限定のまだら模様も発生

　メスにはレッドの遺伝子に起因する"まだら"模様も誕生している。たとえば、顔の半分がレッドやクリームでもう半分がシールやブルー、というパターンなどがあり、きわめて印象的なルックスとなる。

この猫はどこで手に入る？

　シャムは日本でも入手できるが、カラーポイントショートヘアーを日本で手に入れるのは難しい。少なくとも一般的なペットショップで見かけることはないので、専門のブリーダーや各種団体に問い合わせる必要がある。

Data
種類　短毛種
原産地　アメリカ
ボディタイプ　オリエンタル
発生スタイル　人為的発生
カラー　レッドポイント、リンクスポイント等のポイントカラーのみ

シャムと短毛種との混血

　1940年代後半のアメリカで、シャムをベースにアメリカンショートヘアーなどの短毛種との計画交配が行われた。その結果、さまざまな毛色が多数誕生した。そこでCFAでは元のシャムと区別するため4色の毛色以外のポイントカラーをもつ猫をカラーポイントショートヘアーとした。TICAではシャムの一種としている。

300種以上の多彩なカラーが存在

オリエンタル ショートヘアー / ロングヘアー
Oriental Shorthair, Longhair

長毛種　短毛種

全体の印象
シャムから作出された人為的発生種。体格は名前の由来でもあるオリエンタルタイプながら、筋肉は強く頑丈である。鼻の先から尾の先まで、しなやかに流れるボディラインはとても美しい。また、細い脚を滑らかに出して歩く姿もきわめて優雅である。被毛は細くて短く、ロングヘアーでも5センチ程度と長毛種のなかでも短い部類に入る。

性格
しばしば飼い主に寄り添ってくるような甘えん坊で、深い愛情を持つが、やや神経質なところもあり、「飼い主の関心が自分に向いていない」など気に入らないことがあれば機嫌を損ねることもある。好奇心は強く外向的で、家の外に出て歩き回りたがる。

飼い方のポイント
かなり運動量が多いので、体を動かせる環境を整えること。あまり狭い場所だとストレスを溜め込んでしまう。ブラッシングは1日1回、ロングヘアーは1日2回程度行う。

●オリエンタルショートヘアー（S）
シャムの特徴を生かし、あらゆる色を楽しむために作られた猫種。アーモンド型の目と、床を滑るように歩く優雅な肢体はシャムゆずり。光沢のある被毛のカラーには、タビー(縞模様)をはじめ、ブラックやホワイトなどの単色などがあり、好みのカラーが選べる。

ブラウン スポッテッドタビー

頭&目&耳
顔は長く先細りでくさび型。横から見ると、鼻から耳の先端までまっすぐな長い線をつくっているのがわかる。目は、中くらいのアーモンド型で、耳は目を引くほどに大きく尖っている。

仔猫の性格＆飼い方

仔猫の頃から社交的で、いたずら好き。高いところに登るのが好きなので、猫用のポストなどで十分に遊ばせてやるとよい。ブラッシングはロングヘアーの場合、1日に2回程度行う。ショートヘアーは1日1回を目安に。

●オリエンタルロングヘアー（L）

シャムに含まれる長毛種の遺伝子を元に生まれたタイプ。ショートヘアータイプには見られないふさふさとした被毛と、筋肉美の体型が魅力である。光沢のある被毛は短めだが、もつれやすいので、丁寧なブラッシングは必須である。

ブラウンマッカレルタビー

体型＆尾
長くすらりとした体は、細い骨と硬い筋肉の組み合わせが特徴的。腹部は引き締まっていて、オスはメスより少し大きい。尾は先端へいくにつれ先細りになっていく。付け根も細い。

毛
短く、繊細な手触り。つやがありサテンのようで、体に密着して横たわって生えている。

四肢
体とのバランスがよく、細く長い。足先は卵型で小さく上品。

Oriental Variation

シャムに
カラースプレーを
かけたような豊富な色合い

シルバースポッテッドタビー（S）

シルバークラシックタビー（S）

ブルーティックドタビー（L）

ホワイト（S）

チョコレート（S）

エボニー（L）

Oriental 's Profile
Data
種類　短毛種／長毛種
原産地　イギリス
ボディタイプ　オリエンタル
発生スタイル　人為的発生
カラー　エボニー、ホワイト等ソリッドのほか、シェーデッド、スモーク、トータシェル、バイカラー等多数

カラー改良でシャムから派生

　1950年代のイギリスで、さまざまな毛色のシャムを作ろうとする計画交配から生まれた。突然変異的に発生したロングヘアーも、今では種として確立している。

優雅に動く、バリの舞踊家

バリニーズ

Balinese

長毛種 短毛種

全体の印象

突然変異で生まれていた長毛のシャムを品種として確立させたもの。顔や耳、四肢、尾にポイントが現れる。トレードマークは何といっても美しい羽飾りのようなふさふさの尾。体全体の毛は下毛がなくペタッと寝ている。体型もシャムと同じくスリムなので、尾を除けば、遠くから見るとシャムに間違えられることもめずらしくない。

性格

とても優雅な動きをし、シャムよりも気性は穏やかで声も小さい。愛情が深く、また社交的でもあり、人と一緒に遊びたがる。楽しそうに足にじゃれついたり甘えたりする仔猫のような性格と、高いプライドを合わせ持った猫である。

飼い方のポイント

ほかのシャム系の仲間たちと同じく、細身の体型を維持するため食事を与え過ぎないことが大切。十分に体を動かせるスペースも確保したい。グルーミングは軽いブラッシングとコーミングを毎日1回は行う。

仔猫の性格&飼い方

元気で活発な性格だが、シャムよりは穏やか。甘えるときは甘え、冷静なときは飼い主でも見向きもしない、といった気まぐれなところもある。長毛種とはいえ毛は短めなので、1日1〜2回のブラッシングで十分。

体型
優美で長く、しなやかなラインを持ち大きさは中くらい。細い骨と頑丈な筋肉からなり、引き締まっている。

尾
骨格は長く、先端に行くにつれ細くなっている。羽のようにふさふさとしていて美しい毛が印象的。

目
アーモンド型でくさび型の耳に調和している。色はサファイアブルーである。

耳
目を引くほどに大きく、尖っている。付け根は広くくさび型のラインが続く。

頭
中くらいの大きさで、長く先細りしたくさび型。鼻はまっすぐで長く、鼻筋が額まで通っている。マズルは細くくさび型である。あごの先端は鼻先と一直線に伸びる。

毛
繊細で絹のようにやわらかい手触り。体に密着していて横たわっているので実際より短く見える。顔と耳、足先、尾などのポイント部分は、色が濃い。

ブルーポイント

四肢
細長い骨格だが筋肉は引き締まっていて、体とのバランスがよい。足先は卵型で小さく、上品である。

189

Balinese Variation

シールポイント

ブルーポイント

絹のようにやわらかい
コートを着た
ダンサーのよう

ライラックポイント

Balinese's Profile

名前はバリ島のダンサーに由来

バリニーズとは「バリ島の（住民）」の意だが、バリ島生まれというわけではない。バリ島では伝統芸能としてバリ舞踊が現在も受け継がれているが、この猫の動きがバリ舞踊の優雅さを彷彿させることからこの名がついた。

20世紀前半までは不遇の時代

突然変異的にときどき生まれていたが、"シャムなのに毛が長い"という理由で長らく注目されなかった。1940年代に入り、この猫の美しさに気づいたアメリカのブリーダーたちが計画繁殖を始め、やがて品種として確立された。

Data

種類　長毛種
原産地　アメリカ
ボディタイプ　オリエンタル
発生スタイル　人為的発生
カラー　シールポイント、チョコレートポイント、ブルーポイント、ライラックポイントのみ

シャムから生まれた長毛種

バリニーズの祖先は、シャムの血筋でまれに生まれた毛の長い猫であり、どの猫が第1号かはわかっていない。一説には、ターキッシュアンゴラの品種改良のために行われたシャムとの交配で、ターキッシュアンゴラの遺伝子がシャムに組み込まれた猫がバリニーズの祖先だともいわれている。

"シャム一族"の一角を担う

シャムを中心とする"親戚関係"にある品種はシャムを入れて5つあるが、バリニーズもその一つ（残りはカラーポイントショートヘアーとオリエンタルショート／ロングヘアー、ジャバニーズ）。シャムに似た特徴を持つが、性格はシャムよりやや穏やか。

毛は長いが手入れは簡単

長毛種なので最低限の毛の手入れは必要だが、毛玉になることはあまりない。シルクを思わせる細くやわらかな被毛で、もつれ自体も少ないので、軽くブラッシングする程度でよい。

美しい被毛とポイントカラーが特徴
ジャバニーズ
Javanese

長毛種 短毛種

全体の印象
カラーポイントショートヘアーを親とする長毛種。スリムで平均的にバランスのとれたボディを持ち、スッと通った鼻すじと長めの顔の形、そして大きめの耳がよりシャープな印象を与える。ブルーの目は澄んでいて魅惑的。被毛のポイントは口元、耳、四肢、しっぽにある。胴体の毛はカラーポイントショートヘアーよりやや長い程度だが、尾の毛はふさふさと長い。

性格
シャムよりも鳴き声は優しく穏やか。人間を好み、じゃれてきたり、後についてきたりする愛らしい猫。飼い主が帰ると大喜びで迎えたり、何かしようとすると興味深く寄ってくるなど、飼い主のために生きていると思えるほど素直で従順だ。

飼い方のポイント
長毛種とはいえ抜け毛の心配はあまり必要なく、ときどきクシを入れてもつれをほどいてあげれば十分。そのため、ジャバニーズは「長毛種を飼いたい怠け者」にぴったりだといわれる。

耳 とても大きく尖っていてシャープさを強調している。

ブルーリンクスポイント

目 アーモンド形で切れ上がった美しいブルーの目は、オリエンタルな雰囲気。

毛
シルキーな手触りの被毛。口や耳、足、尾は色が違い、濃くなっている。

尾
先端にいくにつれ細くなっている。羽のように広がっていて、ふさふさとした毛は美しい。

頭
長く先細りでくさび型。中くらいの大きさで、体との釣り合いがとれている。鼻筋がまっすぐ通っていて美しい。マズルは細くてくさび型。

体型
中くらいの大きさの胴体は、長くしなやかで美しい。がっちりとした筋肉と細い骨との組み合わせがポイント。腹部は引き締まり、オスはメスより大きい。

四肢
卵型の小さい上品な足先。細長い骨格で後ろ脚は前脚より長い。体とのバランスがとれている。

仔猫の性格&飼い方
なでてもらうのが大好きで、飼い主に甘えてくる人なつっこい性格は仔猫のときから変わらない。仔猫の頃は被毛が短いので、抜け毛を取ってやるだけで十分だが、成猫になったら週に1度はブラッシングすること。

Javanese Variation

気品がある姿からは想像できないほどお茶目で快活

シールリンクスポイント

チョコレートトーティーポイント

シールトーティーポイント

実はカラーポイントロングヘアー？

シャムに関係ある猫種は、色や被毛の長さで名前が変わり、複雑である。たとえば、バリニーズは、シャムの遺伝子を受け継いでいるが、被毛が長いだけで名前が変わる。よって、ジャバニーズは、カラーポイントショートヘアーの長毛種であるから、いってみればカラーポイントロングヘアーとも呼べるのだ。このように、すべてシャムを筆頭に親戚関係が成り立っている。

レッドポイント

ブルーリンクスポイント

Javanese's Profile
Data

種類　長毛種
原産地　アメリカ
ボディタイプ　オリエンタル
発生スタイル　人為的発生
カラー　レッドポイント、リンクスポイント等のポイントカラーのみ

品種の確立は1980年代後半

　1940年代初頭からアメリカで計画繁殖が行われたが、品種として認められるまでには多くの年数を要した。CFAの公認を得たのは、育成開始からおよそ半世紀が過ぎた1986年になってからのことである。

おっとりした温かさをもつロシア猫
サイベリアン
Siberian

長毛種 短毛種

全体の印象
ロシアで最もポピュラーな猫。体型は最大のロング アンド サブスタンシャルで、筋肉も骨格もしっかりと発達している。寒冷な気候に適応した被毛は厚く、そのがっしりとした体躯を、ふさふさのダブルコートの被毛が包んでいる。耳はやや前方に傾いているがピンと立っていて、全体としてメインクーンやノルウェージャンフォレストキャットに似た姿である。

性格
厳しい寒さの中で生きてきた品種なので、忍耐強さとたくましさを備えている。とはいえ、顔の表情にも出ているように、おっとりしておとなしく優しい性格である。飼い主によくなつく従順さと賢さ、さらには旺盛な好奇心も兼ね備えている。

飼い方のポイント
北の大地を生き抜いてきたサイベリアンには、日々の適度な運動が必要。飼うときには上下運動用のタワーなどを置いて、運動不足からくるストレスを解消してあげること。

耳
中くらいで丸みがあり、前方に傾いている。頭の上の直線上に生えていて、ピンと立っている。

目
丸くて大きめ。目と目の間隔が比較的近く、ややつり上がっている。

四肢
しっかりとした骨格で長さは中くらい。足先は大きく、丸みを帯びている。

ブラウンマッカレルタビー

仔猫の性格&飼い方

おとなしく聡明で、飼い主の言うことをよく聞く。ロシアの厳しい自然の中で生きてきたので寒さには強いが、生後3カ月ほどの仔猫にはガードヘアーが生えていないため、冬場はタオルケットなどで保温すること。

頭
丸みを帯びた輪郭を持ち、体との釣り合いがとれている。頭の上からマズルにかけて幅はだんだんと狭くなり、丸みを帯びたあごにつながる。

毛
ふさふさした毛は厚みのあるダブルコート。アンダーはさらに厚く、オーバーは防水効果がある。寒い時期はさらに厚くなる。

尾
均等で厚いふさふさの長い毛が生えている。先端にいくにつれ、分厚くなっている場合もある。

体型
最も大きいタイプである。硬い筋肉が付いた腹部は樽の様な形をしていて、重みがある。

Siberian Variation

シールリンクスポイント

ブラウンマッカレルタビー&ホワイト

**1000年以上前から
ロシアで生息しているという
逸話もある野性的な猫**

レッドマッカレルタビー&ホワイト

飼い主に従順で優しく
犬ともすぐに仲良くなれる
穏やかな性格

シルバーマッカレルタビー&ホワイト

ホワイト

Siberian's Profile

Data

種類　長毛種
原産地　ロシア
ボディタイプ　ロング アンド サブスタンシャル
発生スタイル　自然発生
カラー　ホワイト等ソリッドのほか、バイカラー、キャリコ、トータシェル&ホワイト等多数

近年ようやく世界へお目見え

　非常に長い歴史を持つが、ロシア以外の国で知られるようになったのは最近のこと。初めてアメリカに渡ったのが1990年、CFAによる品種認定は2000年である。

最も小さく、やんちゃな性格猫
シンガプーラ
Singapura

長毛種 **短毛種**

全体の印象

　全品種のうち最も小さな体格で、成猫しても6ポンド（3キロ弱）くらいにしかならず、猫の平均的なサイズからすると一回り以上小さい。とはいえ、体そのものはとても健康的で筋肉もしっかりついており、引き締まった体を持っている。顔の表情ではアイラインで目立たせたような瞳に、ピンと立った耳が印象的だ。

性格

　優しく甘えん坊、やんちゃでむらのない気質を持ち、飼い主にも忠実。初対面の人間に対しても人見知りせず接する。ソファにじっとしていることはなく、その小さな体でいつも元気に動き回るが、物を壊したり大声で鳴いたりはしない。

飼い方のポイント

　運動量は多からず少なからずだが、食事に注意すれば意識的に運動させる必要はない。飼い主に迷惑をかけないので、小さな子供のいる家庭でも問題なく飼えるが、騒々しい場所は苦手。なるべく静かな環境を作ること。

毛
細くて短く、シルクのような手触り。体に密着し、横たわって生えている。弾力はなく、1本に数色の毛色が見られる。

体型
やや小さめだが、筋肉質な体つきで、ほどよく引き締まっている。

尾
比較的細長く、弾力性はない。先端はぷつんと途切れたようになっている。

仔猫の性格&飼い方

仔猫のときでもめったに鳴かないほど穏やかな性格。南国・シンガポール出身のため寒さには弱く、特に仔猫のときは冬場は寝床にタオルなどを置いておくとよいだろう。ブラッシングは週に1回程度で十分だ。

頭
全体的に丸く、体とのバランスはよい。短くて太い首と、幅広く短めのマズル、低い鼻が特徴的。

耳
とても大きくて先が尖っている。付け根は幅広く、深いカップ状になっている。外側の線がわずかに広がりながら伸びている。

目
アイラインを引いたような強く大きな目を持つ。アーモンド型で、色はヘーゼルかグリーン、イエロー、いずれの場合も輝きがある。

セピア

四肢
がっしりとしていて、筋肉が十分に付いている。足先に向かってだんだん細くなっている。足先は小さくて短い卵型。

Singapura
Variation

セピア

セピア

Singapura's Profile
Data
種類　短毛種　原産地　シンガポール
ボディタイプ　セミコビーからセミフォーリン
発生スタイル　自然発生
カラー　オールドアイボリーの地色に先端がダークブラウンのティッキングのみ（セピア）

一組の夫婦がアメリカへ持ち帰る

　1970年代、アメリカの愛猫家夫婦がシンガポールで1匹の仔猫を発見。その後、5匹のシンガプーラとともにアメリカへ帰国し、その名が知られるようになった。

The Other Cats
そのほかの猫たち ⑤

ピーターボールド
Peterbald

細い体に大きな耳、つり上がった目などオリエンタルな印象を与える。この猫のルーツは、1990年代のロシアのピーターズバークという土地で生まれた1匹の無毛の猫から始まる。この猫をシャムやオリエンタルなどと交配させた結果、ピーターボールドという品種が完成した。

スフィンクスのように無毛と思われがちだが、顔や足先、尾などは細くやわらかい毛で覆われている。とても遊び好きで、人間にもすぐ慣れる適応力の持ち主で、しつけも楽。グルーミングはさほど必要ないが、寒さに弱いので冬場は暖かい環境を整えた方がよいだろう。

ブルー

ブラウンマッカレルトービー

ブラウンマッカレルトービー

インパクト十分の無毛猫
スフィンクス
Sphynx

無毛種

全体の印象
ふさふさの被毛を持たない無毛の突然変異種。きわめて個性的なルックスだが、完全な無毛ではなく、うっすらと産毛が生えている。とはいえ体の表面がデリケートなのはたしかで、外気など環境の変化や外傷にも弱い。ただ筋肉自体は発達していて胸は厚く、骨格もしっかりしているので軟弱というわけではない。

性格
好奇心旺盛で遊ぶことを好み、りこうで愛情深く、辛抱強い。インテリ風の面立ちに違わず、人間の気持ちを察することにも長けている。人見知りもしない。

飼い方のポイント
スフィンクスは"汗をかく"めずらしい猫である。汗といっても実際は毛穴から出る分泌液で、これが皮膚のシワの間にたまってしまう。飼う場合は入浴や拭き取りをこまめに行うこと。また、室温や気温の変化、屋外では紫外線にも弱いので、室温管理や外出時の対策を徹底しよう。

仔猫の性格＆飼い方
性格は陽気で遊ぶことが大好き。猫の中で最も暑さと寒さに弱く、仔猫のときは室内で管理しながら飼う方がよい。また体毛がないため汚れがたまりやすく、仔猫の頃からやわらかい布などで拭き取ってあげること。

体型
筋肉質で硬く、広く丸い胸を持つが太ってはいない。臀部は丸く筋肉質である。骨格は、中くらいから細め。全体的に、筋肉がしっかりと発達している。

尾
やわらかく、細くとがった尾は、先端にいくにつれさらに細くなっている。体長と釣り合いがとれた長さである。

耳
とても大きくてまっすぐに立っている。正面から見ると外側の付け根は目と同じ高さに位置している。内側に毛はなく、外側にわずかに生えていることがある。

頭
横幅より縦幅が長く、丸みを帯びている。ほお骨と短い鼻が突き出ている。マズルは丸く、下あごは引き締まっている。筋肉質な首はほどよい長さである。

目
大きくてレモン型の目は、外側に向かって釣り上がっている。目と目の間隔は離れていて、澄んだきれいな色をしている。

ブラウンマッカレルタビー&ホワイト

毛
毛がないのが特徴ではあるが、足と耳、尾に細くて短い毛が生えている。たるみのあるしわしわな皮膚は、スエードのような手触り。

四肢
たくましく筋肉質な足をもち、細長く体とのバランスがよくとれている。胸部が広く、樽型で厚みがあるので両前脚の間隔が広く開いていて、がに股になっている。足先は卵型で指が長い。

Sphynx Variation

ブルー&ホワイト

とっても個性的で
注目されるのが大好き!
賢くて我慢強い猫

ブラック&ホワイト

トータシェル

Sphynx's Profile

まれに誕生する貴重な種

カナダで生まれた第1号のスフィンクスと母親との交配により有毛と無毛の仔猫が生まれた。そして無毛同士の交配が行われたが、無毛の仔猫を得ることはできなかった。異種交配でまれに生まれるという、繁殖がとても難しい品種なのである。

E.T. のモデルはスフィンクス？

映画「E.T.」は1984年に公開されたが、その翌年行われたアメリカでのキャットショーには"生きたE.T."を見ようと多くの人が集まった。ちなみにE.T.のモデルは監督であるS・スピルバーグの飼い猫だが、スフィンクスを飼っていたわけではない。

周りから注目されたい！

映画の主人公ではないが、スフィンクスは周囲の人間に注目されるのが大好き。わざとおどけてピエロ役を演じることもあるほどで、キャットショーにはとてもふさわしい猫である。

無毛とアレルギーの関係

一時は「猫アレルギーの人でも飼える猫なのでは？」と期待されたこともあった。しかし、アレルギーの原因は毛でなく皮膚のフケだということがわかり、期待は現実にはならなかった。

Data

種類　無毛種
原産地　カナダ
ボディタイプ　セミフォーリン
発生スタイル　突然変異的発生
カラー　ホワイト等ソリッドのほかバイカラー、トータシェル等多数

現在の祖先は北米生まれの2匹

確認されているなかで一番古いものは、1966年にカナダのトロントで生まれた1匹の無毛のオス猫である。しかし、その猫を祖先とする血筋は途絶えてしまった。欧米圏で品種として現在特定できるスフィンクスは、すべて、1970年代にアメリカとカナダで生まれた2匹の子孫で、まだまだめずらしい品種である。

知性と社交性を兼ね備えた、猫界のサラブレッド

トンキニーズ

Tonkinese

長毛種 **短毛種**

全体の印象

シャムとバーミーズを掛け合わせて作出された品種。やわらかな毛質の被毛は、その手触りのよさからミンクと呼ばれるほどで、つやつやした光沢をともない高級感を漂わせている。ポイントは四肢と顔、耳、そして尾に見られる。体つきは申し分なく筋肉がつき、中型なりに存在感のあるボディ。後ろ脚が前脚より少し長めだがバランスは取れている。

性格

愛情深く、飼い主にも忠実だが、とにかく活発で社交的。落ち着きがないほどにいつも走り回っており、愛嬌たっぷりで人なつっこい。また、飼い主など人間だけでなく、犬やほかの種の猫ともすぐに仲よくなれる。

飼い方のポイント

十分すぎるほどの運動量に比例してよく食べるので、高タンパク、高カロリーの食事をしっかり与える。スペースを確保したり、キャットツリーなどを立てたりと、運動できる環境を整えることも忘れずに。

尾
体と釣り合いがとれた長さで、先端に向かって細くなっている。

四肢
ほどよい長さで体とのバランスがよい。やや細めだが、筋肉はしっかり付いている。足先は卵型。

仔猫の性格＆飼い方

シャム譲りの社交性を持つその性格は、仔猫のときから発揮される。高いところに登ったり跳ねたりすることが大好きなので少々落ち着きなく見えることも。自分で毛づくろいをするので特別なブラッシングは必要ない。

耳
先端が卵型で付け根は広い。大きさは中くらいで前に傾いている。毛はとても短く、皮膚に密着している。

頭
丸めのくさび型で輪郭はすっきりと緩やかなカーブを描いている。マズルは先端が盛り上がっていて、こめかみからやや細くなっている。

目
よく開いたアーモンド型をしている。目と目の間隔はやや近めで、耳の外側の付け根に向かってつり上がっている。色は、深く澄んでいて色合いがよい。

毛
やや短く、細くてやわらかい。体に密着して生えており、つやつやで光沢があり輝いている。

シャンペーンミンク

体型
中くらいの大きさで筋肉は発達していて、すっきりとした美しいラインを持つ。オスはメスよりやや大きめである。

Tonkinese Variation

プラチナミンク

クリームミンク

誇るべき血筋だけど
いたずらっこで遊び好きな
コメディアン

プラチナミンク

ブルーミンク

Tonkinese's Profile

Data
種類　短毛種
原産地　カナダ
ボディタイプ　セミフォーリン
発生スタイル　人為的発生
カラー　ブルーミンク、シャンペーンミンク、ナチュラルミンク、プラチナミンクのソリッドとポインテッドのみ

祖先をたどればミャンマーへ

トンキニーズの起源はミャンマーのウォンマウに行き着くとされる。しかし、現在のトンキニーズには直接影響していない。

戦後の計画交配で品種として定着

1950～70年代に、アメリカとカナダでシャムとバーミーズの交配が意欲的に行われた。品種認定は1974年、カナダでのこと。以降、トンキニーズの知名度が高まっていく。現在各地にいるトンキニーズの実質的な祖先は、この計画交配で生まれた仔猫たちである。

心身ともに優れた能力を持つ

人工的に作られた品種ではあるものの、一日中でもドタバタと遊んでいるような突出した活発さには特筆すべきものがある。ときにアクロバティックですらある運動能力を持ちながら、また非常に優れた記憶力も兼ね合わせていて、総合的に能力の高い猫といえる。

毛色の名前でもわかる毛質の良さ

公式に認められている毛色は、ブルー、シャンペーン、ナチュラル、プラチナの4色。それぞれ色名のあとに「ミンク」をつけるのが正しい呼び方で、その毛質からきたもの。いかに心地よい手触りであるかをよく示している。

手間要らずで飼いやすい

長毛種に比べれば短毛種は毛の手入れが簡単だが、とくにトンキニーズは自分で毛づくろいをするので、グルーミングはほとんど必要ない。たまにブラシでとく程度で十分である。大きな音にひどく驚くこともなく、環境が変わってもすぐなじむ飼いやすい猫だ。

絹のコートをまとった貴婦人のよう
ターキッシュアンゴラ
Turkish Angora

長毛種 短毛種

全体の印象
長い歴史を持つトルコ原産の自然発生種。フォーリンタイプならではのスリムで流麗なボディラインを持つ。筋肉はきちんとついているが、骨格が華奢なので全体的にスリム感がある。被毛はシングルコートでふさふさとしていて、シルクのような手触り。首の周りはほかの部分に比べて少し長い毛が生えている。

性格
すべての猫種の中で最も社交的といわれる。優しく愛情深く、飼い主に従順なのでしつけやすい。環境への順応性や頭のよさ、遊び好きなところなど、優れた性質をたくさん備えた品種である。

飼い方のポイント
ストレスに弱いため、自由気ままに暮らせる環境を整えること。運動量が多く、活発でやんちゃなので狭い場所では飼わないようにする。また、見た目はふっくらした印象でも体型はフォーリンなので、食事量やカロリーの過多に注意する。

ホワイト

目
大きく、アーモンド型でわずかにつり上がっている。深くてはっきりとした色がよいとされている。

四肢
長くて、後ろ脚は前脚よりさらに長い。小さく丸い上品な足先を持ち、指と指の間に毛が生えている。

耳
大きくて先端はやや尖っている。両耳の間隔は広く、頭部の高い位置についていて垂直に立っている。

頭
体の大きさに比べ、やや小さめ。形はなだらかなくさび型をしている。横から見ると、頭頂部と鼻の線は平らになっている。下あごはしっかりしていて丸みがある。

毛
長さはさまざまだが一般的にはセミロング。尾はとくにふさふさしていて繊細でシルクのような手触り。夏になると襟と体の毛の一部が抜け落ちる。

体型
全体的にバランスのとれた大きさ。胴体は長くほっそりしているが、しっかりした筋肉を持つ。背はいくぶん尻上がりである。

尾
長くて体とのバランスがよく、付け根は太く、先細りになっていてふさふさとブラシのようである。

仔猫の性格＆飼い方
仔猫の頃は自由奔放で少し怒りっぽい面もあるが、明朗快活でとても飼いやすい。毛が長くなったら、1日1回ほどブラッシンを。そして高タンパク、高カロリーの食事は、健康と美しい被毛を維持するために必要だ。

Turkish Angora Variation

ブラウンスポッテッドタビー

**トルコからやって来た
エレガントな
猫の貴族**

ブラック&ホワイト

シルバータビー

Turkish Angora's Profile

Data
種類　長毛種
原産地　トルコ
ボディタイプ　フォーリン
発生スタイル　自然発生
カラー　ホワイト、ブラック等のソリッドのほか、キャリコ、バイカラー等多数

全猫種で最も古い品種の一つ
　古くからトルコに生息していて、さまざまな品種の中でも最古の歴史を持つ猫の一つだ。当時はまっ白でセミロングの被毛をもっていて、現在も首都である中心地・アンカラから、16世紀にフランスへ渡ったという記録が残っている。ちなみに「アンゴラ」とはアンカラの古い呼び方である。

ペルシャとの交配に濫用された
　愛猫家の目に止まって以来、おもにペルシャの計画繁殖に用いられた。この品種の保存や洗練は考慮されず、1900年代の初めには、フォーリンタイプの純粋な血統は実質的に消滅。その後、トルコで繁殖規制が行われ、1950年代にアメリカへ渡ったことで、何とか品種として確立できたのである。

トルコ政府が保護する"国の猫"
　長い歴史に加えて、穏やかで社交的という理想的な性格と、羽根飾りのような尾に象徴される優美なルックスから、生まれ故郷のトルコでは非常に重んじられている。実際、政府が"国の猫"として保護しており、国外に出すには政府の許可が必要である。

一番人気のカラーはホワイト
　1972年にCFAの公認を得たのがホワイトの猫に限られていたこともあり、ホワイトが代表的なカラー。現在は多くの色が認められているが、やはりホワイトの人気が突出している。

開放的な居場所を確保しよう
　基本的にはとても飼いやすい猫だが、飼うときに気をつけたいのは、孤独に耐えられない性質を考慮し、狭い居場所に閉じ込めないことである。

頭と尾に色が付いた「泳ぎ猫」
ターキッシュバン
Turkish Van

長毛種　短毛種

全体の印象
美しいホワイトの被毛が印象的な、トルコ原産の自然種。耳の周りと尾だけ色が違い、ほかは真っ白という独特のパターンの被毛を持っている。また季節によって毛の長さが変わり、夏は短くなって冬は長くなり、毛質がやわらかくなる。体つきはがっしりとしていて力強い印象を与えるが、そんな体型から想像できないようなきれいな声で鳴く。このギャップもユニークな個性の一つである。

性格
活発で自由気ままを好み、狭い場所にいるのは苦手。ただ、りこうなのでしつけには苦労しない。水を怖がらない猫として知られるが、シャンプーは嫌がることがある。

飼い方のポイント
ターキッシュアンゴラと同じく、狭い場所で飼われることを嫌がる。自由に動き回れるスペースを与えてあげることが大切。毛のもつれもないのでブラッシングやコーミングは、毎日1回ほどを目安に行えばよい。

仔猫の性格＆飼い方
活発だが冷静沈着な部分もあるので、とてもしつけがしやすい。仔猫のうちからのびのびと育てた方がよい。被毛はアンダーコートがないためもつれにくく、仔猫の頃はブラッシングは必要ない。なでてあげるだけで十分。

体型
大型でたくましく、がっしりとしている。胸部は幅が広く豊かで、肩幅は頭部の幅と同じである。引き締まった筋肉を持ち、首も太くどっしりしている。

尾
長く、体とのバランスがとれている。ブラシのようにふさふさで太くて立派である。

目
やや大きく開いていて、角がいくぶん長くなっている。色は琥珀色かブルー、またはその組み合わせのオッドアイ。澄んだ目は表情豊かで目の縁はピンク色をしている。

耳
やや大きく、体との釣り合いがとれている。付け根は広く、先端はいくぶん丸くなっている。

頭
幅広のくさび型で、なだらかな輪郭を持つ。横から見ると目はやや窪んでいて、ほお骨は高い位置にある。あごとマズルは丸く、鼻は下を向いている。

毛
セミロングでカシミヤのような手触りで尾が長く、ふさふさしている。季節に対応していて夏は尾を除いて短くなり、冬は長く分厚くなる。

トータシェル＆ホワイト（オッドアイ）

四肢
適度に長く筋肉質。離れて位置していて、丸く大きい足先へ向かって細くなっている。

Turkish Van Variation

レッドタビー&ホワイト

カシミヤのような手触りで
耐水性のある被毛は
水に濡れてもへっちゃら！

ブラウンクラシック
タビー&ホワイト

ブラック&ホワイト（オッドアイ）

Turkish Van's Profile

Data
種類 長毛種　**原産地** トルコ
ボディタイプ ロング アンド サブスタンシャル
発生スタイル 自然発生
カラー 頭と尾以外はホワイト（バンパターン）。頭はレッド、クリーム等ソリッドまたはタビー

水遊び中の変わった猫を発見
　イギリスの愛猫家二人が、東トルコのバン湖畔で水遊び中の猫たちを見かけた。水遊びという珍奇さと、頭と尾だけの着色に強い印象を受けた二人は、このターキッシュバンの1対をイギリスへ持ち帰った。これが1955年のことで、純血種としての歴史の始まりであった。

後ろに「バン」がついた理由
　名前の由来は「トルコ」と「バン湖畔」だが、イギリスに渡った当初は単にターキッシュと呼ばれていた。すると、ターキッシュアンゴラとの区別がつきにくいことから、この種は後ろにバンをつけて呼ばれるようになった。

ターキッシュアンゴラとの違い
　原産地や外見の類似から、ターキッシュアンゴラの色違い種だと誤解されることもあるが、もちろんこの二つは別の品種。ボディタイプや被毛の質感は異なるし、同じトルコ原産とはいえ生息地域はそれぞれ別である。

防水質の被毛を持つ「泳ぎ猫」
　発見された状況からもわかるように、猫としてはめずらしく水を嫌がらない種である。よって、トルコのバン地方では「泳ぎ猫」とも呼ばれている。事実、この猫の毛は1本1本が防水性に富んでいる。

飼育時の注意点はスペースのみ
　ターキッシュアンゴラと同じく、この猫も狭い場所で飼われることを嫌がる。自由に動き回れるスペースを与えてあげることが大切。それにさえ気をつければ、被毛の絡みはなくグルーミングもほぼ不要で飼いやすい。

用語集

アビシニアンタビー
アビシニアンだけに見られる縞模様。とはいえ、白い下毛が体全体を覆っているので、実際は縞模様がほとんど見られない。わずかに額に縞模様が見えるくらいである。

アンダーコート
下毛ともいう。オーバーコート（ガードヘアー）の下に生えている、ウールのような毛のこと。

異種交配
異なる品種を交配すること。まだ猫種として歴史が浅く完全でない猫種や、既存の猫種から派生して生まれた新しい猫種に、異なった猫種の血統を取り入れて、望ましい形質や体型にするために行う。雑種との違いは、定められた規則に沿って計画的に交配したか否か。規則に従って交配すれば純血種として認められるのだ。ただしその規則は、CFAやTICA各団体により異なる。

オーバーコート
上毛。ガードヘアーともいう。体の外側の被毛を形成している毛のこと。

オッドアイ
両目の色が違うこと。ブルーとカッパーの組み合わせ、またはブルーとオレンジの組み合わせがある。

ガードヘアー
オーバーコートのこと。

キャットショー
猫の品評会のこと。ショーのルールに基づき、純血猫種ごとに定められた審査基準によって、順位付けが行われる。また、愛猫家たちの交流を図ったり、新品種の猫を披露したりする場でもある。

キャットタワー
猫の運動や爪とぎ、ストレス解消などを目的とした室内飼いの猫のための遊具。柱にいくつかのステップがついている。爪とぎもできるよう、麻やじゅうたん生地製のものが多い。

キャリコ
パーティーカラーの中の一種。ミケともいう。このカラーをもつ猫のほとんどがメス。

グルーミング
猫の体を清潔に保つために行う、手入れのこと。ブラッシングやシャンプーなど毛に関することのほか、目の回りや耳の中、口の中の手入れも含まれる。猫の美しさを保つためだけでなく、猫に直接触っ

て手入れをすることで健康チェックにもなるので最低限行う方がよい。

コーミング
目が細かくそろったクシで猫の毛をとかすこと。長毛種は、コーミングのあとにブラッシングをして仕上げるのがよい。

CFA
1906年に創立された非営利団体の愛猫家協会。CFAは「THE CAT FANCIERS' ASSOCIATION, INC.」の頭文字3文字をとった通称名。各種血統猫の健康促進を最大の目的とし、キャットショー開催や猫に関する書籍・ビデオの発行をしている。

シールポイント
濃い茶色のポイントカラー。シャムやバーマンなど、ポイントカラーをもつ猫に多い。

シングルコート
オーバーコート（上毛）またはアンダーコート（下毛）のみの被毛のこと。一般的に、シャムやターキッシュアンゴラなど、暑い地域原産の猫はシングルコートが多い。

スモーク
毛先の1/2～3/4に色が付いている。一見ソリッドに見えることも。

セーム革
めがねや貴金属類などを掃除するときに使われる革。短毛種のブラッシングやコーミング後にセーム革でやさしくなでると、被毛につやが出る。

タフト
足の指の間や耳に生えている房になっている飾り毛のこと。

ダブルコート
オーバーコートとアンダーコートの両方の被毛をもつこと。一般的に、寒い地域原産の猫はダブルコートが多い。

チンチラ
一本一本の毛の先に色が付いているシェーデッドカラーの中の一種。毛先の1/4から1/3まで色が付いていて、残りの部分が白い猫のこと。

TICA
1979年に設立されたアメリカの愛猫家協会。遺伝に基づく独自のスタンダード基準により、世界中の人々に支持され、幅広く活動している。

ティックドコート
1本の毛に2色以上の色がある被毛のこと。アビシニアンが代表的。

トータシェル&ホワイト
赤と黒がモザイク状に入り組んでいる色に、白斑が入った被毛のこと。

用語集

パッチド
トータシェルのようにモザイク状に入り組んでなく、明確に色が分かれていること。キャリコやバンパターンによく表れる。

フォーン
シナモン色を薄めたような茶色、またはカフェオレのような色の被毛のこと。

ブラッシング
ブラシで毛をとかすこと。短毛種の場合はブラッシングだけで日々の手入れは十分。長毛種の場合は、目の細かい専用のクシやコームで毛をとかしたあと、ブラシで仕上げをするときれいに整う。

ブリーダー
猫の繁殖者のこと。オーナーとは猫の所有者を表し、ブリーダーとオーナーが一緒という場合もある。

ブレイク
ペルシャのように、両目の間、鼻筋にはっきりとした窪みがあること。

フレームポイント
レッドポイントのこと。ヒマラヤン特有の呼び方。

ミンク
トンキニーズ特有の色調。ナチュラルミンク、ブルーミンク、シャンペーンミンク、プラチナミンクの4種類が存在する。ボディカラーとポイントカラーの間のはっきりとしたコントラストが絶対条件。

ライラック
淡いピンクの色が入ったグレー色のこと。

リンクスティップ
耳の先端の飾り毛。リンクスティッピングともいう。

ルディ
アビシニアンとソマリだけに見られる、オレンジがかった茶色のこと。

ローマンノーズ
額から鼻先にかけて、ゆるく盛り上がっていること。

ワイヤーヘアー
アメリカンワイヤーヘアーが代表的。針金のように荒く縮れた毛のこと。

Staff

写真撮影	山崎哲
	©U.F.P.写真事務所（P2～23）
デザイン	中村たまを
製作協力	CFAジャパン
編集・製作	バブーン株式会社（矢作美和・丸山綾・橋本一平）

●参考文献
『完璧版 猫の写真図鑑CATS—オールカラー世界の猫350』デビッド・オルダーソン著（日本ヴォーグ社）
『新猫種大図鑑』ブルース・フォーグル著／小暮規夫監修（ペットライフ社）
『世界の猫図鑑 Legacy of the Cat』グロリア・スティーブンス解説／山崎哲写真（山と渓谷社）

●監修者紹介●
佐藤弥生（さとう・やよい）
1936年生まれ。
ブリーダーとしてシャムを30年来手がけている。
1979年、日本人第一期として、CFA公認審査員と
なる。現在、CFAジャパン リジョナルディレクター。
RCCロイヤル・オールブリード・キャットクラブ
主宰。

世界の猫図鑑

監　修	佐　藤　弥　生
発 行 者	富　永　靖　弘
印 刷 所	慶昌堂印刷株式会社

発 行 所　東京都台東区　株式　新星出版社
　　　　　台東4丁目7　会社

〒110-0016　☎03(3831)0743　振替00140-1-72233
URL http://www.shin-sei.co.jp/

© SHINSEI Publishing Co., Ltd.　　Printed in Japan

ISBN978-4-405-10521-8

新星出版社の定評ある実用図書

- クワガタ・カブトムシ ●江良達雄
- クワガタ・カブト世界の甲虫 ●江良達雄
- 世界の猫カタログ ●舛重正一
- 世界の犬図鑑 人気犬種ベスト43 ●佐藤弥生
- 最新 おりがみ・あやとり・こどものあそび ●小林一夫
- 最新 冠婚葬祭マナーBOOK ●マナー文化教育協会ハクビマナー学院
- 葬儀と法要の事典 ●新星出版社編集部
- 「弔辞」葬儀のあいさつ事典 ●新星出版社編集部
- 短いあいさつスピーチ実例大百科 ●新星出版社編集部
- 妊娠・出産はじめてBOOK ●竹内正人
- 知っておきたい 子宮の病気 ●上坊敏子
- 女性のための医学BOOK ●中村はるね
- 新版 赤ちゃんの 新しい名前百科 ●田口二州／新星出版社編集部
- 知りたいことがすぐわかる 家庭医学事典 ●新星出版社
- 糖尿病 おいしい献立3週間 ●上村泰子／武井 泉

- 生ジュース&健康ドリンク ●植木もも子
- 最新版 栄養のキホンがわかる本 ●稲 保幸
- カクテル事典315種 ●橋口孝司
- 本格焼酎銘酒事典 ●磯淵 猛
- この1冊ですべてがわかる 紅茶事典 ●柳瀬久美子
- みんな大好き。手作りお菓子 ●片岡 護
- イタリア料理の基本 ●五十嵐脩
- 最新版 ビタミン・ミネラルBOOK ●鈴木早苗
- やさしい野菜のつくり方 ●塚本有子
- かんたんガーデニング 育てて楽しむハーブ ●砂森 聡
- かんたんガーデニング 四季を楽しむ 花づくり ●新星出版社編集部
- かんたんガーデニング 四季を楽しむ 庭づくり ●福井千里
- 苔玉・ミニ盆栽 ●新星出版社編集部
- いまからはじめる 油絵入門 ●新星出版社編集部
- いまからはじめる 水彩画入門 ●新星出版社編集部

- ひと目でわかる 実用手話辞典 ●NPO手話技能検定協会
- 血液型でわかる性格ガイド ●能見俊賢
- 夢占い ●水沢孔美
- CD付 はじめての 韓国語会話 ●呉 英元
- 短いフレーズでかんたんマスター 韓国語 ●李 志暎
- 2CD2枚付 英語高速メソッド ●笠原禎一
- そのまま使える 文書・書式実例事典 ●新星出版社編集部
- はじめてでもよくわかる 囲碁 ●宮園正光
- サッカーの戦術&技術 ●増田雄一
- スポーツ傷害とテーピング ●前田秀樹
- DVDで覚える シンプルヨガ Lesson ●綿本 彰
- DVDで覚える ピラティス Lesson ●福井千里
- DVDで覚える 自力整体 ●矢上 裕
- スウィングの核心 ●内藤雄士
- 徹底図解 ゴルフスイングの基本 ●冨永 浩